国家级实验教学示范中心·师范生能力实训系列教材

全国 ITAT 竞赛实训

王建忠　张　萍　编著

科学出版社
北　京

内 容 简 介

本书主要内容包括高级办公应用中文本、段落格式、项目符号与编号、插入形状、图片处理、艺术字处理、表格处理、页面设置、样式的使用、中文版式、邮件合并、插入目录、索引、题注、域的使用、单元格格式、公式的使用、函数的使用、排序、筛选、分类汇总、数据透视表与数据透视图、单变量求解、规划求解、动画设计等。同时，本书还包括基本概念训练、基础实训、综合实训、创新实训等内容。

本书适合大学普通本科、专科、职业学院学生及教师使用。

图书在版编目(CIP)数据

全国 ITAT 竞赛实训 / 王建忠，张萍编著.—北京：科学出版社，2013

国家级实验教学示范中心·师范生教学能力实训系列教材

ISBN 978-7-03-037204-8

Ⅰ.全… Ⅱ.①王… ②张… Ⅲ.①电子计算机–竞赛–师范大学–教学参考资料 Ⅳ.①TP3

中国版本图书馆 CIP 数据核字（2013）第 056014 号

责任编辑：张　展 / 封面设计：陈思思
责任校对：陈　靖 / 责任印制：邝志强

科 学 出 版 社 出版

北京东黄城根北街16号
邮政编码：100717
http://www.sciencep.com

四川煤田地质制图印刷厂印刷

科学出版社发行　各地新华书店经销

＊

2013 年 3 月第 一 版　　开本：787*1092 1/16
2013 年 3 月第一次印刷　　印张：13 1/4
字数：300 千字

定价：29.00 元

国家级实验教学示范中心·师范生教学能力实训系列教材

编 委 会

主　编：祁晓玲

副主编：郭　英　　张　松　　陈智勇

编　委：祁晓玲　　郭　英　　张　松　　陈智勇　　梁　斌

金秀美　　吴　丹　　杨　娟　　邵　利　　罗世敏

陶旭泉　　沈　莉　　李敏惠　　熊天信　　王　芳

李　强　　张小勇　　夏茂林　　赵广宇　　李　维

王重力　　王　曦　　郭开全　　黄秀琼　　程　峰

何　建　　董云艳　　罗　真　　熊大庆　　靳宇倡

徐华春　　张　皓　　刘　海　　周升群　　周蜀溪

叶　舒　　徐作英　　王一丁　　雍　彬　　王建忠

张　萍

前　言

为贯彻落实《国家中长期教育改革和发展规划纲要（2010—2020 年)》和《国家中长期人才发展规划纲要（2010—2020 年)》的有关精神，推动全国各级各类院校信息技术相关学科教学体系的改革，引导学校积极开展应用型人才的培养，教育部每年都举办全国 ITAT 大赛。大赛主要面向普通本科、高职等院校在校学生，旨在考察和培养学生的信息技术应用技能和创新能力，提高学生的就业竞争力，为广大的青年学生提供一个展示个人信息技术应用水平的平台，同时为参赛学校提供一个展示各自教学水平和特点的平台，为用人企业提供一条发现优秀的信息技术人才的捷径。

全国 ITAT 大赛以紧跟最新技术发展，深入行业应用，贴近用人需求为竞赛思路，从第七届开始全面提高比赛难度，将对大赛方式进行调整，更加强调对学生解决问题能力、创新能力的考核，也是为了让此大赛更加贴近企业的用人需求，达到以赛促学的目的。通过大赛来提高学生的解决问题能力和自主学习能力，培养学生的创新、创业能力，培养掌握最新 IT 技术的优秀大学生。

本书根据 2012 年 5 月教育部教育管理信息中心制定的第七届全国信息技术应用水平比赛大纲——办公自动化高级应用的比赛大纲及历届竞赛试题，并结合社会实际应用编写而成。本教材以 Microsoft Office 2007 版为例。

本书坚持"以实训为核心，以实际应用、学生创新为目标"的实训理念，为学生提供综合设计实训、创新实训。通过这些实训，能培养学生利用计算机解决实际问题的能力，使学生毕业后能轻松胜任实际工作。

本书得到四川师范大学副校长祁晓玲教授、教务处处长杜伟教授、教务处副处长张松教授、基础教学学院院长唐应辉教授、陈智勇主任等领导的大力支持，在此表示真诚的感谢！

由于时间仓促，书中难免存在不足之处，为了便于今后的修订，恳请广大读者提出宝贵的意见与建议。

需要本书实训素材的，请与张萍老师联系：835148187@88.com。

编　者

2012 年 6 月

目　录

第一部分 Word 实训

Word 实训项目 A1

一、实训题目

打开"A1.docx"文件，完成下列要求，效果如"A1-答案"所示。

1. 生成 15×20 的稿纸，页脚设置为行数×列数=格数，右对齐，网格颜色为绿色；
2. 将文字字体设置为华文行楷；
3. 将段落标记统一替换为手动换行符；
4. 设置首字下沉 3 行，全文左缩进两个字符；
5. 添加文字水印"四川美丽"，华文行、72 号、蓝色。

二、实训步骤

1. 单击"页面布局"→"稿纸"→"稿纸设置"，"格式（S）"设置为方格式稿纸，"行数×列数"设置为 15×20，"网格颜色"设置为绿色，"页脚"设置为行数×列数=格数，"对齐方式"设置为右对齐，如图 1-1 所示。

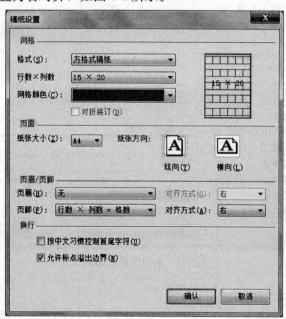

图 1-1 稿纸设置对话框

2. 选择全部文字，"字体"设置为华文行楷。

3. 单击"开始"→"替换"→"更多（M）>>"，当光标在"查找内容（N）"处时，单击"特殊格式（E）"→"段落标记"，将光标移动到"替换为（I）"处，单击"特殊格式（E）"→"手动换行符"→"全部替换"，如图 1-2 所示。

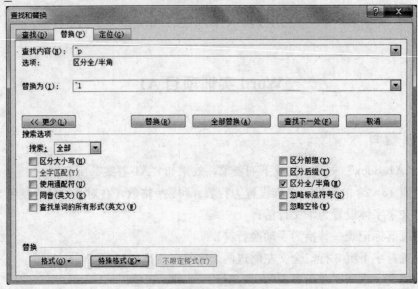

图 1-2　查找与替换对话框

4. 单击"插入"→"首字下沉"，单击"页面布局"→"段落"→"左缩进"，设置为 2 字符。

5. 单击"页面布局"→"水印"→"自定义水印"，设置为"文字水印"，"字体"设置为华文行楷，"字号"设置为 72 号，"颜色"设置为蓝色，单击"确定"，如图 1-3 所示。最后效果图如图 1-4 所示。

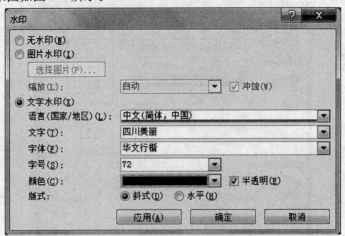

图 1-3　水印设置对话框

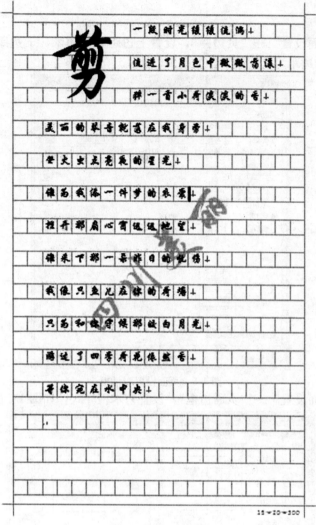

图 1-4   最后效果图

Word 实训项目 A2

一、实训题目

打开"A2.docx"文件，完成以下要求，效果如"A2-答案"所示。

1. 设置页边距为：上下边距 2 厘米，左右边距 2.2 厘米；

2. 设置边框为艺术型；

3. 设置标题"荷塘月色"为黑体、二号、居中，作者"朱自清"为三号宋体；

4. 在"朱自清"处插入脚注，内容为：朱自清（1898—1948）中国散文家，诗人，学者；

5. 三段内容都是楷体、四号，行距 1.5 倍，第二、三段首行缩进 2 个字符，第一段首字下沉 3 行；

6. 插入荷花图片和朱自清图片，设置冲蚀效果，衬于文字下方，注意位置。

二、实训步骤

1. 单击"页面设置"→"页边距",设置上边距为 2 厘米,下边距为 2 厘米,左边距为 2.2 厘米,右边距为 2.2 厘米,如图 1-5 所示。

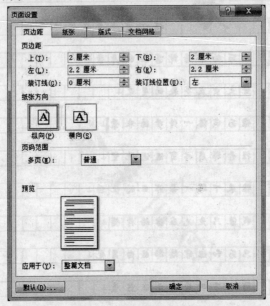

图 1-5　页面设置对话框

2. 单击"页面设置"→"页面边框",设置艺术型样式,如图 1-6 所示。

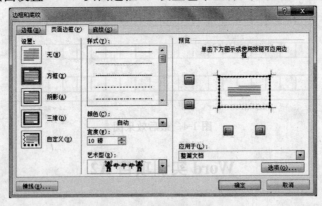

图 1-6　边框和底纹对话框

3. 将"荷塘月色/朱自清"之间的"/"删除,然后回车,将"荷塘月色"与"朱自清"分成两行。选定第 1、2 行,设置为居中。然后选择第 1 行,设置为黑体、二号、居中,第 2 行设置为宋体、三号。

4. 将光标移动到"朱自清"之后,单击"引用"→"插入脚注"→"输入内容",设置为"朱自清(1898~1948)中国散文家,诗人,学者。"

5. 选中内容部分第 1、2、3 段,设置字体为楷体、四号,单击"段落",行距设置为 1.5 倍。选中第 2、3 段,单击"段落"→"特殊格式"→"首行缩进",设置为 2 个字符。单击第 1 段,单击"插入"→"首字下沉"→"下沉"。

6. 单击"插入"→"图片",选择荷花图片,单击"插入"。单击"文字环绕"→

"浮于文字上面"，然后将图片拖动到相应的位置，单击"图片工具"→"格式"→"调整"→"重新着色"→"冲蚀"，再单击"文字环绕"→"衬于文字下方"。用相同的方法插入朱自清图片，并进行相同的设置。效果如图 1-7 所示。

荷塘月色

朱自清

折折的荷塘上面，弥望的是田田的叶子。叶子出水很高，像亭亭的舞女的裙。层层的叶子中间，零星地点缀着些白花，有袅娜地开着的，有羞涩地打着朵儿的；正如一粒粒的明珠，又如碧天里的星星，又如刚出浴的美人。微风过处，送来缕缕清香，仿佛远处高楼上渺茫的歌声似的。这时候叶子与花也有一丝的颤动，像闪电般，霎时传过荷塘的那边去了。叶子本是肩并肩密密地挨着，这便宛然有了一道凝碧的波痕。叶子底下是脉脉的流水，遮住了，不能见一些颜色；而叶子却更见风致了。

月光如流水一般，静静地泻在这一片叶子和花上。薄薄的青雾浮起在荷塘里。叶子和花仿佛在牛乳中洗过一样；又像笼着轻纱的梦。虽然是满月，天上

图 1-7　样文效果图

Word 实训项目 A3

一、实训题目

打开"A3. docx"文件，完成以下要求，效果如"A3-答案"所示。

1. 设置纸张的方面为纵向，纸张大小为 A4，页边距左右均为 3 厘米，上下均为 2 厘米；

2. 标题字体采用黑体、小一，字体颜色为红色、阴影、居中；

3. 正文中称谓（即一级标题）设置为黑体、四号，字体颜色为红色，左对齐；

4. 设置二级标题为黑体、四号、蓝色，三级标题为红色；

5. 正文文字为楷体、四号；

6. 全文段落都采用首行缩进 2 个字符，行距为固定值 24 磅，段前段后 0.5 行；

7. 参照样文添加项目符号；

8. 生成目录；

9. 参照样文添加页眉页脚，且奇偶页采用不同的页眉和页脚。

二、实训步骤

1. 单击"页面设置"→"页边距"，打开对话框，设置上边距为 2 厘米，下边距为 2 厘米，左边距为 3 厘米，右边距为 3 厘米，纸张方向为纵向。单击"纸张"，设置纸张大小为 A4，如图 1-8 所示。

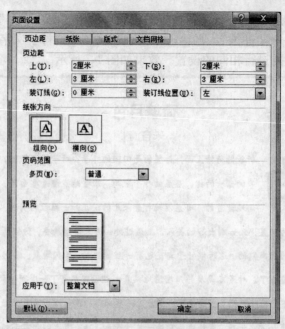

图 1-8 页面设置对话框

2. 将光标移动到"一、大赛背景"左侧,单击"页面布局"→"分隔符"→"分页符",插入分页符,产生空白页,再插入目录。

3. 选择标题行"第七届全国 ITAT 大赛与活动方案",设置字体为黑体、小一,字体颜色为红色,居中,单击"字体",设置阴影。回车产生多行,选择"教育部教育管理信息中心与日期",设置为宋体、三号、居中。回车调整行的位置,使文字处于屏幕中间。

4. 选中后面的全部数据,设置为楷体、四号。单击"段落",设置为首行缩进 2 个字符,段前 0.5 行,段后 0.5 行,行距固定值 24 磅。如图 1-9 所示。

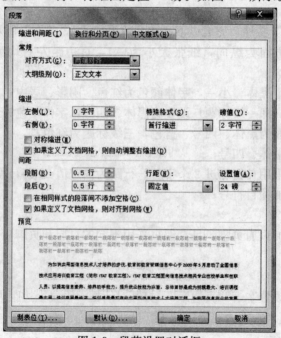

图 1-9 段落设置对话框

5. 选中"一、大赛背景",设置为黑体、四号,字体颜色为红色。单击"引用"→"添加文字"→"1级",删除"一"前面的两个空格。采用格式刷,对"二、大赛安排"进行设置。

6. 选择"(一)组织机构",设置为黑体、四号、蓝色。单击"引用"→"添加文字"→"2级"。采用格式刷,对"(二)"、"(三)"、"(四)"进行设置。

7. 选择"1、个人赛报名",设置为红色,同上面方法,设置为"3级"目录。

8. 将光标移动到第2页,单击"引用"→"目录"→"自动目录"。

9. 单击"插入"→"页眉",单击"页眉和页脚工具"→"设计"→"首页不同"→"奇偶页不同",分别输入奇偶页的页眉。切换到页脚,分别设置奇偶页的页码,单击"页码"→"当前位置"→"1/1",修改为第X页,共Y页。单击"关闭"。

Word 实训项目 A4

一、实训题目

打开"A4. docx"文件,完成以下要求,效果如"A4-答案"所示。

1. 插入图片"绿色原野",设置图片宽度为12厘米,高度为18厘米,页边距上、下、左、右均为3.5厘米,纸张大小为B5,图片样式为金属椭圆。

2. 插入艺术字"生命的美好在于对梦想的追求",采用艺术字样式3、华文新魏、加粗,文字环绕方式设置为浮于文字上方,阴影效果为投影样式4,形状填充颜色为黄色,形状轮廓为红色。

3. 插入竖形文本框,输入文字"如果……不期而遇"。设置字体为楷体,二号。

二、实训步骤

1. 单击"插入"→"图片",选择绿色原野图片。

2. 右击图片,单击"大小",设置高度为18厘米,宽度为12厘米,取消"锁定纵横比"和"相对于图片原始尺寸",单击"关闭",如图1-10所示。

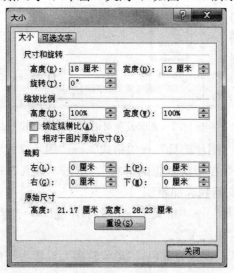

图 1-10　图片大小对话框

3. 单击"页面布局"→"页边距",设置上、下、左、右都为 3.5 厘米,如图 1-11 所示。

图 1-11 页面设置对话框－边距

4. 单击"页面布局"→"纸张"→"纸张大小",设置为 B5,如图 1-12 所示。

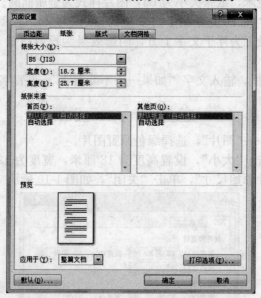

图 1-12 页面设置对话框－纸张大小

5. 选中图片,单击"图片工具"→"格式"→"图片样式"→"金属椭圆"。

6. 选中"生命的美好在于对梦想的追求",单击"插入"→"艺术字"→"艺术字样式 3",字体设置为华文新魏、加粗。

7. 单击"艺术字工具"→"格式"→"文字环绕"→"浮于文字上方",单击"阴影效果"→"投影"→"样式 4"。

8. 单击"形状填充",设置为黄色,"形状轮廓"设置为红色。然后将文字拖动到相应的位置,调整其大小。

9. 选中文字"如果一个人能自信地朝着梦想的方向前进,并努力按照想象中的方式去生活,那么他会在一个很平常的时刻与成功不期而遇。"复制。

10. 单击"插入"→"形状"→"垂直文本框",然后拖动制作一个文本框,粘贴,选中文本框,设置为楷体、二号,拖动文本框到适应的位置。

11. 将文本框的形状轮廓调整为无轮廓。效果如图 1-13 所示。

图 1-13　样文效果图

Word 实训项目 A5

一、实训题目

打开"A5. docx"文件和"A5. xls"文件,制作信封。效果如"A5-答案"所示。（总计 27 个,效果图中只有一个。）

图 1-14　信封样式

1. 通过中文信封向导,选择国内信封-B6;
2. 输入寄信人信息;

3. 插入邮编；

4. 输入"地址"两个字，并插入地址合并域；

5. 输入"收件人"三个字，并插入收件人合并域；

6. 完成邮件合并。

二、实训步骤

1. 单击"邮件"→"中文信封"→"下一步"，如图 1-15 所示。

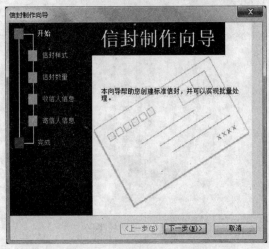

图 1- 15　信封制作向导一

2. 选择信封样式为国内信封-B6，选择：打印左上角处邮政编码框、打印右上角处贴邮票框、打印书写线、打印右下角处"邮政编码"字样。单击"下一步"。如图 1-16 所示。

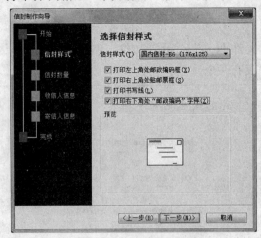

图 1-16　信封制作向导二

3. 选中"键入收信人信息，生成单个信封"，单击"下一步"，如图 1-17 所示。

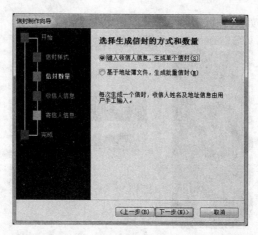

图 1-17　信封制作向导三

4. 输入收信人信息中，不输入任何信息，单击"下一步"，如图 1-18 所示。

图 1-18　信封制作向导四

5. 在地址中输入："成都市静安路 5 号　四川师范大学，邮编 610068"，单击"下一步"，如图 1-19 所示。

图 1-19　信封制作向导五

6. 单击"完成"，如图 1-20 所示。

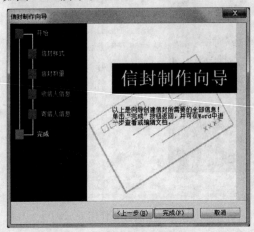

图 1-20　信封制作向导六

7. 生成如下图所示的信封，但格式还需进行调整。单击第三行虚线，用格式刷刷第四行的"成都市静安路 5 号　四川师范大学"，加线，然后删除上面一空行。设置此行为楷体，四号。确定后效果如图 1-21 所示。处理后效果如图 1-22 所示。

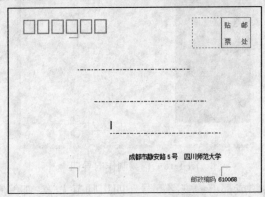

图 1- 21　确定后效果图

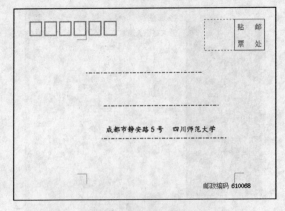

图 1-22　处理后效果图

8. 输入"学校"、"收信人:"，如图 1-23 所示。

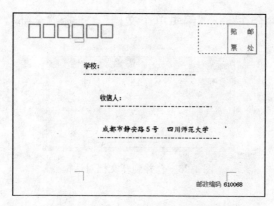

图 1-23　输入学校、收信人效果图

9. 单击"邮件"→"选择收件人"→"使用现有列表",选择"A5.xls",确定。

10. 将光标移动到邮编区域内,单击"插入合并域"→"邮编"→"插入"→"关闭"。

11. 将光标移动到"学校:"之后,单击"插入合并域"→"学校"→"插入"→"关闭"。

12. 将光标移动到"收信人:"之后,单击"插入合并域"→"姓名"→"插入"→"关闭",再次单击"插入合并域"→"职称"→"插入"→"关闭"。如图 1-24 和图 1-25 所示。

图 1-24　插入合并域对话框

图 1-25　插入域后效果图

13. 单击"完成并合并"→"编辑单个文档"。选择"全部"，单击"确定"，如图 1-26 所示。

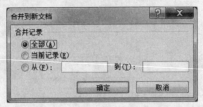

图 1-26 合并到新文档对话框

Word 实训项目 A6

一、实训题目

打开"A6. docx"文件，完成以下要求，效果如"A6-答案"所示。

1. 设置纸张大小为 16 K；
2. 第一行文字设置为黑体、三号，插入"§"符号，第二行字体设置为宋体、小四；
3. 将 Windows 附件中的计算器截图粘贴到文档中，文字环绕方式为嵌入型环绕；
4. 将"MC 键……为 0"一行文字设置为黑体、小四，为"清除"两字加粗下划线，为"单元"两字添加文字边框；
5. 将"MR 键……屏幕上"一行文字设置为楷体、四号、加粗，为"读出"和"显示"两个词添加着重号；
6. 将"MS 键……取而代之"一行文字设置为宋体、四号、倾斜，为"存入"和"取而代之"两个词添加下划线；
7. 将"M+键……单元格中"一行文字设置为隶书、三号，为"累加到"文字添加字符底纹；
8. 将文本内容中 MC 键、MR 键、MS 键、M+键设置为红色，并添加项目符号，字号为四号；
9. 在页面底端插入页码"60"，居中对齐；
10. 强制分页，在新页中纸张方向设置为横向，制作流程图和 Smart 图。

二、实训步骤

1. 打开文件，单击"页面布局"→"页面设置"→"纸张"设置为 16 K，单击"确定"。

2. 右击输入图标注，选择"特殊字符"，插入"§"，然后输入 1。选择第一行，设置为黑体、三号，设置第二行为宋体、小四。

3. 单击"开始"→"所有程序"→"附件"，启动计算器（注意 Windows XP 与 Windows 7 有差别），按下 Alt+PrintScreen。切换到文档中，粘贴。单击"图片工具→格式"→"文字环绕"→"嵌入型"，设置为居中对齐。

4. 选中"MC 键……为 0"一行文字，设置为黑体、小四。选中"清除"，单击下划线工具右侧的向下按钮，选择粗下划线，选中"单元"，单击"字符边框"。

5. 选中"MR 键……屏幕上"一行文字，设置为楷体、四号、加粗。选中"读出"，单击"字体"对话框启动器，选择"着重号"下的 · 。如图 1-27 所示。

图 1-27　字体对话框

6. 选中"MS 键……取而代之"一行文字，设置为宋体、四号、倾斜。选中"存入"和"取而代之"，单击下划线工具。

7. 选中"M+键……单元格中"一行文字，设置为隶书、三号，选中"累加到"文字，单击字符底纹工具。

8. 选中"MC 键"，单击"字符颜色"，设置为红色。

9. 单击"插入"→"页码"→"页面底端"→"普通数字 2"。单击"插入"→"页码"→"设置页码格式"→"起始页码"，设置为 60。如图 1-28 所示。

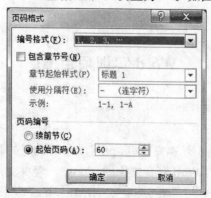

图 1-28　页码格式对话框

10. 单击"页面布局"→"分隔符"→"分节符"→"下一页"。单击"纸张方向"，设置为横向。单击"插入"→"形状"→"流程图"中的工具。注意使用正确的工具制作。

　　11．单击"插入"→"SmartArt"→"层次结构"→"水平层次结构"，输入文字，单击最后一框，单击"SmartArt 工具"→"设计"→"添加形状"→"下方"，输入"办公室主任"。单击"更改颜色"→"彩色"→"彩色范围"→"强调文字颜色 4 至 5"。单击"SmartArt 样式"→"三维"→"嵌入"。smartArt 图形对话框如图 1-29 所示。效果如图 1-30 所示。

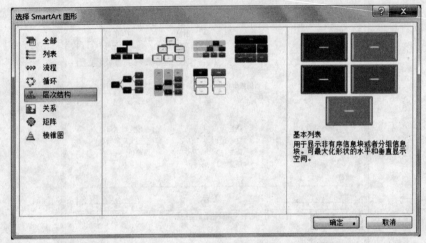

图 1-29　SmartArt 图形对话框

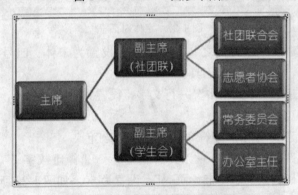

图 1-30　样文效果图

Word 实训项目 B1

一、实训题目

　　请参照样例文档"Word 复赛操作题.pdf"，利用给定的素材，完成下列操作任务，并将制作好的文档保存为"Word 复赛操作题.docx"。素材文件为："三个常用的图片功能介绍.docx"、"索引词.txt"、"图 5.jpg"、"图 7.1.jpg"、"图 7.2.jpg"、"图 7.3.jpg"、"Office.jpg"。

　　排版要求：

1. 设置各级标题的样式，要求如下。

(1) 标题 1：中文字符为黑体，英文字母为 Arial，小初，加粗，段前 0 行，段后 0 行，单倍行距。

(2) 标题 2：黑体，小二，加粗，段前 1 行，段后 0.5 行，1.2 倍行距。

(3) 标题 3：宋体，三号，段前 1 行，段后 0.5 行，1.73 倍行距。

(4) 标题 4：黑体，四号，段前 7.8 磅，段后 0.5 行，1.57 倍行距。

(5) 正文：中文字符与标点符号为宋体，英文字母为 Times New Roman，小四，段前 7.8 磅，段后 0.5 行，1.2 倍行距。

2. 第 1 页为封面页，插入艺术字"Word 2007 复赛操作题"，首页不显示页码。

3. 第 2 页为子封面页，插入样式为标题 1 的标题"Windows Vista Ultimate 三个常用的图片功能介绍"，该页不显示页码。

4. 第 3、4 页为目录页，插入自动生成的目录和图表目录，页码格式为罗马数字格式 I、II。

5. "Windows Vista Ultimate 三个常用的图片功能介绍"的正文内容起于第 1 页，结束于第 9 页，第 10 页为封底。这一部分内容的排版要求为：

(1) 为文档添加可自动编号的多级标题，多级标题的样式类型设置为：1，标题 2 样式；1.1，标题 3 样式；1.1.1，标题 4 样式。

(2) 插入页眉"Windows Vista Ultimate 三个常用的图片功能介绍"，页脚为页码，页码格式为"1"、"2"、"3"……。

(3) 为正文部分的第 1 页和第 4 页添加脚注。

(4) 将表格 1 和表格 2 中的文字字号设置为五号，所在页面方向设置为横向，并且页边距设置为上下页边距 1.5 厘米，左右页边距 2 厘米，然后参照 PDF 样例文件对表格进行边框与底纹的美化。

(5) 利用给定的素材图片"图 5.jpg"，在正文部分第 4 页插入图片并进行调整，实现 PDF 样例文件中的显示效果。

(6) 利用给定的素材图片"图 7.1.jpg"、"图 7.2.jpg"、"图 7.3.jpg"，在正文部分第 8 页插入图片并进行设置，实现 PDF 样例文件中的显示效果。

(7) 在正文部分第 9 页插入自动生成的索引，索引词请见"索引词.txt"。

(8) 利用图片素材"Office.jpg"制作封底，封底不显示页眉页脚。

二、实训步骤

1. 设置样式。首先根据题目要求确定标题一、标题二、标题三和正文。选择标题一文字"Windows Vista Ultimate 三个常用的图片功能介绍"，按照标题一格式要求进行设置。字符格式直接在"开始"选项卡的"字体"组中设置，如图 1-31 所示，但是要先设置中文字体，再设置英文字体。

图 1-31　开始选项卡下的字体组

2. 单击"开始"→"字体"，出现如图 1-32 所示的"字体"对话框，在该对话框中也可进行样式设置。也可以选择内容后在内容的右上方出现的浮动工具栏中设置，如图 1-33 所示。

图 1-32 字体对话框   图 1-33 浮动工具栏

3. 段落格式直接在"开始"选项卡的"段落"组中设置，如图 1-34 所示。或者单击"开始"→"段落"，在出现的如图 1-35 所示的"段落"对话框中设置。注意另存为题目要求的文件名。

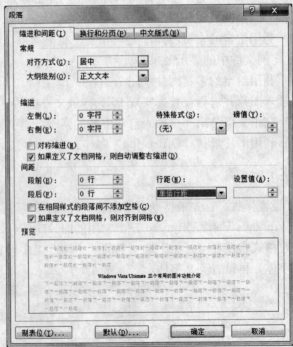

图 1-34 开始选项卡的段落组   图 1-35 段落对话框

4. 设置标题二。标题一文字确认好了后，标题二文字就是样文目录中的第一级标题。选择标题二文字"1 查看图片"，在"开始"选项卡"字体"组、"字体"对话框或浮动工具栏中设置字体格式；在"开始"选项卡"段落"组或"段落"对话框中进行段落格式的设置。设置行距时，首先在行距下方的下拉列表框中选择"多倍行距"，接着在设置值中输入行距值 1.2。因为后面要抽取目录，所以还需在"段落"对话框中设置大纲级别为 1 级，如图 1-36 所示。设置好了后，使用"开始"选项卡"剪贴板"组中的"格式刷"按钮，如图 1-37 所示。复制设置好的标题二的格式，应用到余下的标题二中。单击"格式刷"按钮只能复制一次，双击"格式刷"按钮可以复制多次，直到再次单击"格式刷"按钮后取消。注意边做边保存。

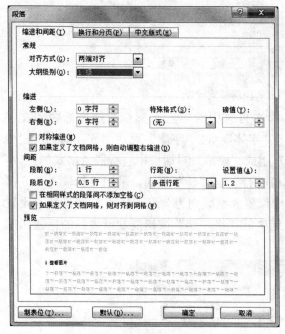

图 1-36　标题二的段落格式设置　　　　　　　　　　　图 1-37　开始选项卡的剪贴板组

5. 设置标题三。标题三文字就是样文目录中的第二级标题。选择标题三文字"1.1 如何在计算机中查找图片"，在"开始"选项卡"字体"组、"字体"对话框或浮动工具栏中设置字体格式；在"开始"选项卡"段落"组或"段落"对话框中进行段落格式的设置。设置行距时，首先在行距下方的下拉列表框中选择"多倍行距"，接着在设置值中输入行距值 1.73，同时在"段落"对话框中设置大纲级别为 2 级，如图 1-38 所示。设置好了后，使用"开始"选项卡"剪贴板"组中的"格式刷"按钮复制设置好的标题三的格式，应用到余下的标题三中。

图 1-38　标题三的段落格式设置

　　6. 标题四的设置。标题四文字就是样文目录中的第三级标题。选择标题四文字"1.2.1 基本操作步骤"，在"开始"选项卡"字体"组、"字体"对话框或浮动工具栏中设置字体格式；在"开始"选项卡"段落"组或"段落"对话框中进行段落格式的设置。设置段前间距时，显示的是 0 行，因为单位"行"与"磅"不同，采用直接输入 7.8 磅的方法完成设置，同时在"段落"对话框中设置大纲级别为 3 级，如图 1-39 所示。设置好了后，使用"开始"选项卡"剪贴板"组中的"格式刷"按钮复制设置好的标题四的格式，应用到余下的标题四中。

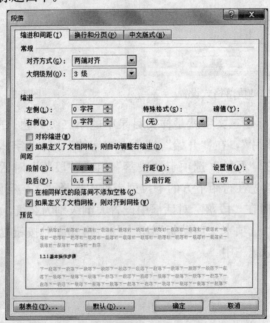

图 1-39　标题四的段落格式设置

　　7. 正文的设置。选择正文的第一段内容，在"字体"组中设置字体格式；在"段落"组中进行段落格式的设置，不需要设置大纲级别。需要注意的一点是，题目中没有要求设置首行缩进，以样文为准，在"段落"对话框中设置首行缩进为 2 字符，如图 1-40 所示。设置好了后，使用"格式刷"按钮复制设置好的正文的格式，应用到余下的正文中。特殊的是，1.2.1 节下面的内容经过格式刷复制格式后，编号会消失，此时单击"开始"选项卡"段落"组中的"编号"按钮添加上与样文相同的编号。或者不用格式刷复制格式，而是直接设置字符格式和段落格式。

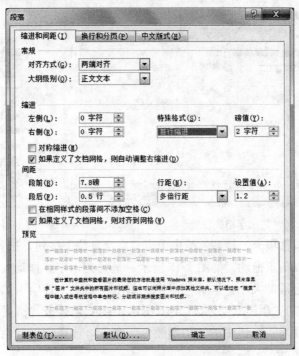

图 1-40　正文的段落格式设置

8. 封面中艺术字的制作。首先将光标定位到文章的最前面，单击"插入"→"页"→"分页"，如图 1-41 所示。在文档的最前面出现一个空白页。将光标定位到空白页中，单击"插入"→"文本"→"艺术字"，在"艺术字库"对话框中选择第一行第一列的格式后确定，在出现的如图 1-42 所示的"编辑艺术字文字"对话框中输入或粘贴"Word 2007 复赛操作题"文字，根据样文将字体设置为黑体，加粗后确定。

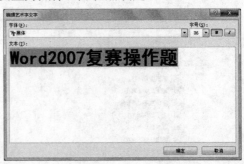

图 1-41　插入选项卡页组　　　　　　图 1-42　艺术字的设置

9. 选择艺术字。单击鼠标右键，在出现的快捷菜单中选择"设置艺术字格式"命令。在出现的如图 1-43 所示的"设置艺术字格式"对话框中设置填充颜色为样文中的紫罗兰色，线条颜色中为淡紫色，线条的粗细为 1.5 磅。（备注：线条的粗细的值不确定，需自己试验，与样文效果相近即可。）选择艺术字，在"格式"选项卡"艺术字样式"组中单击"更改艺术字形状"按钮，选择"波形 2"样式即可，如图 1-44 所示。

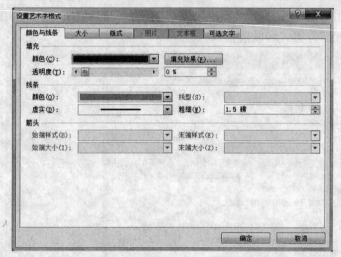

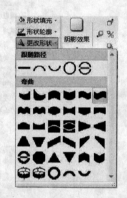

图 1-43　艺术字格式设置　　　　　　　　图 1-44　艺术字形状设置

10. 在"格式"选项卡"排列"组中单击"文字环绕"按钮，选择"浮于文字上方"命令，使艺术字可以随意拖动，如图 1-45 所示。选择艺术字，拖动右下角的边界，同时调整宽度和高度到合适的大小。选择艺术字，单击"格式"选项卡"阴影效果"组中的"阴影效果"按钮中的"阴影 5"，如图 1-46 所示。接下来单击"格式"选项卡"阴影效果"组中的"阴影效果"按钮中的"阴影颜色"命令，选择紫罗兰色。最后将艺术字拖到页面的中央位置即可。

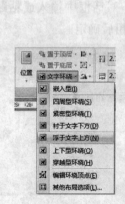

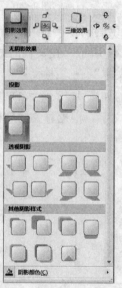

图 1-45　文字环绕设置　　　　　　　　图 1-46　阴影效果设置

11. 子封面页的设置。将光标定位到"1 查看图片"的前面。单击"页面布局"选项卡"页面设置"组中的"分隔符"命令，在下拉列表中选择"分节符"中的"下一页"后确定，如图 1-47 所示。光标移到上一页，根据样文将标题一移到页面中相应的位置。接下来在相应位置双击鼠标后直接输入制作者和日期，并根据样文大小将其设置为宋体、三号。

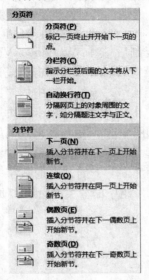

图 1-47　插入下一页的分节符

12. 为文档添加可自动编号的多级标题。将光标定位于第一个标题二样式处，单击"开始"选项卡"段落"组中的"多级列表"命令，如图 1-48 所示。应用相应的多级编号并删除原有的编号。设置好后使用"格式刷"按钮复制格式到其他的标题二处，最后删除原有的编号。同理设置标题三、标题四。

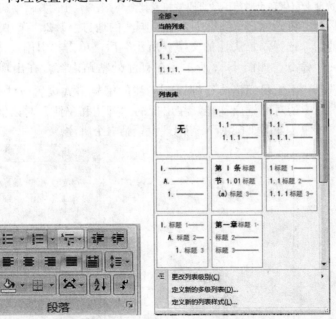

图 1-48　段落组中的多级列表

13. 页眉和页脚的设置。将光标定位到正文页面。单击"插入"选项卡"页眉和页脚"组 中的"页眉"下的"编辑页眉"命令。在页眉中先单击"设计"选项卡"导航"

组中的"链接到前一条页眉"按钮，取消与前一条页眉的链接，如图 1-49 所示。

图 1-49　设计选项卡导航组

14. 在页眉中输入，或先复制后粘贴"Windows Vista Ultimate 三个常用的图片功能介绍"页眉内容，根据样文设置为右对齐。单击"设计"选项卡"导航"组中的"转至页脚"命令，单击"设计"选项卡"导航"组中的"链接到前一条页眉"按钮，取消与前一条页眉的链接。接下来单击"设计"选项卡"页眉和页脚"组中的"页码"按钮下的"设置页码格式"命令，如图 1-50 所示，在出现的如图 1-51 所示的"页码格式"对话框中设置页码的数字格式，起始页码后确定。单击"设计"选项卡"页眉和页脚"组中的"页码"按钮，选择"页面底端"下的"普通数字 2"的命令，设置页码为居中对齐。单击"设计"选项卡"关闭"组中的"关闭页眉和页脚"，按钮回到正文编辑状态。

图 1-50　设计选项卡页眉和页脚组中的页码按钮及其命令　　　　图 1-51　页码格式对话框

15. 添加脚注。将光标定位到第一个添加脚注的地方（1.2.1 节中），将要作为脚注的文字选择后剪切，选择添加脚注的文字"所示"后，单击"引用"选项卡"脚注"组中的"插入脚注"命令，如图 1-52 所示。在脚注处粘贴内容，在出现的粘贴选项按钮的列表中选择"匹配目标格式"即可。脚注的编号格式设置方法是：单击"引用"选项卡"脚注"组中的对话框启动器，在出现的"脚注和尾注"对话框中设置编号格式后单击"应用"按钮，如图 1-53 所示。同理设置第二个脚注。

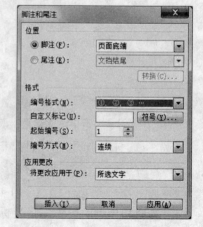

图 1-52　引用选项卡脚注组　　　　　　　　　　　　图 1-53　脚注和尾注对话框

16. **表格设置。**选择表 1，字号设置为五号，单击"页面布局"选项卡"页面设置"组中的"页边距"按钮下的"自定义边距"命令，在出现的如图 1-54 所示的"页面设置"对话框中设置上下页边距为 1.5 厘米，左右页边距为 2 厘米；页面方向设置为横向，应用于所选文字后确定。选择表 1 中的第一行、第三行，第五行，单击"开始"选项卡"段落"组中的"下框线"按钮下的"边框和底纹"命令，在"边框和底纹"对话框中的"底纹"标签下设置底纹填充颜色为"白色，背景 1，深色 25％"，如图 1-55 所示。然后将表 1 的标题移到表格上一行。选择整个表格，单击"开始"选项卡"段落"组中的"下框线"按钮，去掉整个表格的左框线和右框线。同理设置表 2 格式，并将将多余的空白页删除。正文的内容也按照样文第一页移动部分即可。

图 1-54　页面设置对话框

17. **插入图片。**将光标定位到图 5 处，单击"插入"选项卡"插图"组中的"图片"命令，插入图 5 的图片。输入①至⑥的文字说明。使用键盘上的"Tab"键控制缩进。选择图片，使用"格式"选项卡"大小"组中的"裁剪"按钮去掉图片上的文字部分，如图 1-56 所示。同理插入图 7 的所有图片，将使用图片的版式设置为浮于文字上方，将各个图片按照样文移到相应的位置，然后双击图片下方输入相应的文字即可。

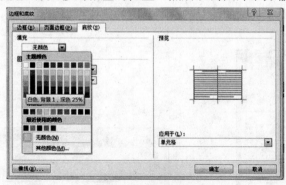

图 1-55　边框和底纹对话框　　　　　　　　　图 1-56　裁剪按钮

18. **制作封底。**将光标定位到正文的最后，单击"页面布局"选项卡"页面设置"

组中的"分隔符"命令，在下拉列表中选择"分节符"中的"下一页"后确定。在新的页面中插入 Office 图片。双击页眉处进入编辑页眉状态，单击"设计"选项卡"导航"组中的"链接到前一条页眉"按钮，取消与前一条页眉的链接。转至页脚，单击"设计"选项卡"导航"组中的"链接到前一条页眉"按钮，取消与前一条页眉的链接。

19. 插入自动生成的目录。将光标定位到正文开头，选择"页面布局"选项卡"页面设置"组中的"分隔符"命令，在下拉列表中选择"分节符"中的"下一页"后确定。光标移到上一页，输入"目录"二字后回车。选择"引用"选项卡"目录"组中的"目录"按钮下的"插入目录"命令，在如图 1-57 所示的"目录"对话框中单击"确定"即可。

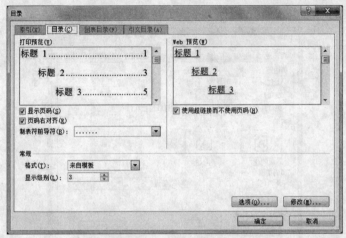

图 1-57　目录对话框

20. 图表目录。将光标定位到目录后面，单击"页面布局"选项卡"页面设置"组中的"分隔符"命令，在下拉列表中选择"分页符"中的"分页符"后确定。输入"图表目录"四字。将光标定位到图 1 所在的位置，选择"引用"选项卡"题注"组中的"插入题注"按钮，在如图 1-58 所示的"题注"对话框中，设置选项"标签"为图。若选择不了"图"，单击"新建标签"按钮，在如图 1-59 所示的"新建标签"对话框中设置标签为"图"后确定，再次确认在"题注"对话框中的题注和样文相同后确定，将原来的"图 1"的文字删除。将光标定位到图 2 所在的位置，将"图 2"的文字删除，选择"引用"选项卡"题注"组中的"插入题注"按钮，在"题注"对话框中单击确定即可，同理设置图 3 至图 7。图的题注与原来的图的编号的区别是图的题注可以自动编号，自动编号选择后可以看到底纹。

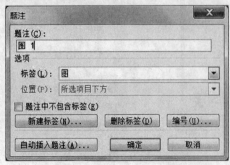

图 1-58　题注对话框

图 1-59　新建标签对话框

将光标定位到表 1 所在的位置，将原来的"表 1"的文字删除，选择"引用"选项卡"题注"组中的"插入题注"按钮，在如图 1-60 所示的"题注"对话框中，单击"新建标签"按钮后输入"表"后确定，如图 1-61 所示。然后确认在"题注"对话框中的题注和样文相同后确定。将光标定位到表 2 所在的位置，将"表 2"的文字删除，选择"引用"选项卡"题注"组中的"插入题注"按钮，在"题注"对话框中单击确定即可。

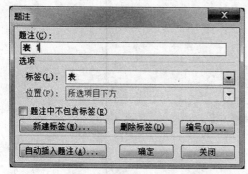

图 1-60　建立表的题注对话框　　　　　　　　　图 1-61　新建标签对话框

建立好了图和表的题注，就可以插入图表目录了。将光标定位到第 4 页图表目录 4 字的后面，单击"引用"选项卡"题注"组中的"插入图表目录"按钮，在如图 1-62 所示的"图表目录"对话框中，将题注标签设置为"图"后确定，图目录就制作好了。

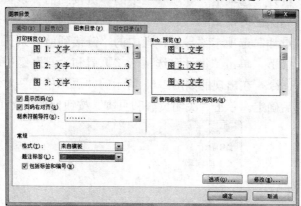

图 1-62　图目录的抽取

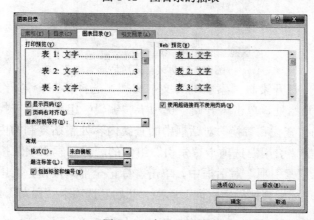

图 1-63　表目录的抽取

　　将光标定位到图目录的后面，单击"引用"选项卡"题注"组中的"插入图表目录"按钮，在如图 1-63 所示的"图表目录"对话框中，将题注标签设置为"表"后确定，表目录就制作好了。至此，图表目录抽取成功，如图 1-64 所示。

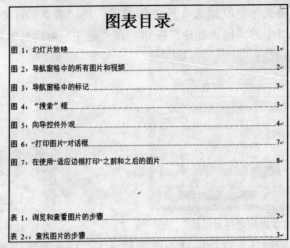

图 1-64　图表目录样文

　　21. 插入图表目录的页眉和页脚。将光标定位到目录页中，双击页眉处进入"编辑页眉"状态。单击"设计"选项卡"导航"组中的"链接到前一条页眉"按钮，取消与前一条页眉的链接。删除已有的页眉内容。单击"设计"选项卡"导航"组中的"转至页脚"命令，单击"设计"选项卡"导航"组中的"链接到前一条页眉"按钮，取消与前一条页眉的链接。接下来单击"设计"选项卡"页眉和页脚"组中的"页码"按钮下的"设置页码格式"命令，在出现的如图 1-65 所示的"页码格式"对话框中设置页码的数字格式，起始页码后确定。单击"关闭页眉和页脚"按钮回到正文编辑状态。

图 1-65　页码格式对话框

　　22. 插入索引。打开素材"索引词"文本文档，选择第一个词语"图片"后复制，将光标定位到正文开始处，单击"开始"选项卡"编辑"组中的"查找"命令，在出现的如图 1-66 所示的"查找和替换"对话框中的查找内容处粘贴复制的内容后单击"查找下一处"按钮。单击"引用"选项卡"索引"组中的"标记索引项"按钮，在出现的如图 1-67 所示的"标记索引项"对话框中，单击"标记全部"按钮，文中的"图片"就被全部标记好了。同理标记其他的索引词。单击"开始"选项卡"段落"组中的"显示/隐藏编辑标记"按钮 可以显示或隐藏索引标记，如图 1-68 所示。

图 1-66　查找和替换对话框

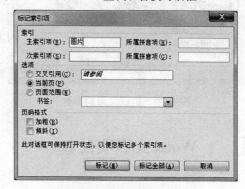

图 1-67　标记索引项对话框

图 1-68　显示/隐藏编辑标记

　　将光标定位到倒数第 2 页的最后，单击"页面布局"选项卡"页面设置"组中的"分隔符"命令，在下拉列表中选择"分页符"中的"分页符"后确定。将光标定位到需要抽取索引的空白页中，单击"引用"选项卡"索引"组中的"插入索引"命令，在如图 1-69 所示的"索引"对话框中，按照样文设置选项，在本例中需将"格式"设置为"现代"，"排序依据"为"拼音"，确定后索引就抽取好了。在开头输入"索引"二字，若样文中无目录页的索引页码，可以将光标定位到索引相应的目录页码处，删除即可。

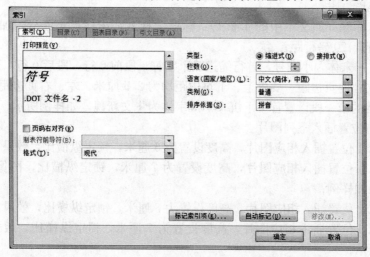

图 1-69　索引和目录对话框

若索引有需要更新的部分，单击鼠标右键，选择"更新域"命令即可更新。

用格式刷复制标题二格式应用到"索引"二字。然后将光标定位到目录处，单击鼠标右键，选择"更新域"命令，在出现的如图 1-70 所示的"更新目录"对话框中选择"更新整个目录"命令后确定。

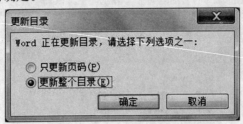

图 1-70　更新目录对话框

Word 实训项目 B2

一、实训题目

Word 操作题：请参照"Word 素材-A"文件夹中的"Word 复赛题样例-A. pdf"，利用给定的素材文件"文本素材. txt"，完成下列操作，并将制作好的文档命名为"word 复赛题-A. docx"，保存到上述指定的文件夹中。

1. 文档封面页内容及格式如"Word 复赛题样例-A. pdf"所示。要求文档标题使用艺术字，将图片设置为水印效果，底部显示的日期需使用日期域。

2. 在文档中进行如下格式的设置。

（1）章标题：标题 1 样式，宋体，二号，加粗，段前 1 行，段后 1 行，单倍行距，水平居中对齐；

（2）节标题（如文本中的 2.1）：标题 2 样式，黑体，三号，加粗，段前 0.5 行，段后 0.5 行，单倍行距；

（3）小节标题（如文本中的 4.2.1）：标题 3 样式，宋体，小三号，加粗，段前 10 磅，段后 10 磅，20 磅行距；

（4）正文：宋体，小四号，首行缩进 2 个字符，段前 0 行，段后 0 行，1.5 倍行距。

3. 设置文档的页边距，要求上、下页边距均为 2.5 厘米，左、右页边距为 3 厘米。

4. 在文档的第一段设置首字下沉，下沉字体为华文新魏，如样例所示。

5. 在相应位置插入下列图片：

（1）图 1.1 位置插入相应图片，高度设置为 6 厘米，锁定纵横比，效果如样例；

（2）图 2.1 位置插入相应图片，高度设置为 7 厘米，锁定纵横比，图像控制颜色为"冲蚀"，效果如样例；

（3）图 2.2 位置插入相应图片，高度设置为 8 厘米，锁定纵横比，效果如样例；

（4）图 2.3 位置插入相应图片，高度设置为 7 厘米，锁定纵横比，版式为紧密型，位置如样例所示；

（5）图 3.1 位置插入相应图片，大小设置为高 8 厘米、宽 12 厘米，效果如样例；

（6）图 3.2 位置插入相应图片，效果如样例。

6. 根据素材文件"表格数据素材.txt"制作 2010 年十大山地自行车品牌排行榜表格的图片，放置在 4.2.3 小节相应的位置，效果如样例。

7. 将文档正文中的"自行车"文字内容全部替换为图片"自行车 logo.jpg"。

8. 生成目录。

（1）在第 2 页生成文档目录，要求：一级目录为宋体，四号字，加粗；二级目录为宋体，小四号，加粗；三级目录为宋体，小四号；行间距为 1.5 倍。

（2）在第 3 页生成图表目录，要求：目录格式为宋体、小四，行间距为 1.5 倍。

9. 文档除封面和目录页外，其他页面需插入页眉和页脚，要求：奇数页页眉为文档名称，并在左端插入"自行车 logo"图标，偶数页页眉为章名称，并在左端添加"车"的繁体字。页眉、页脚字体统一设置为华文行楷，字号小四，下划线 3 磅，效果如样例。

二、实训步骤

1. 制作封面页。新建一个 Word 空白文。单击"插入"选项卡"文本"组中的"艺术字"命令，在出现的如图 1-71 所示的"艺术字库"列表中选择与样文格式接近的 3 行 4 列的艺术字格式后确定，在接着出现的如图 1-72 所示的"编辑艺术字文字"对话框中输入文字"自行车发展史"，设置字体为华文新魏，加粗后确定。

图 1-71　艺术字库列表

图 1-72　编辑艺术字文字对话框

2. 选择艺术字，单击"格式"选项卡"阴影效果"组中的"阴影效果"按钮后设置为"无阴影效果"。选择艺术字，右击在快捷菜单中选择"设置艺术字格式"，出现如图 1-73 所示的"设置艺术字格式"对话框，在对话框中的填充颜色中选择填充效果，然后在如图 1-74 所示的"填充效果"对话框中的渐变标签中选择预设颜色为彩虹出岫，底纹样式为垂直，变形为第二列的第一种后确定。

图 1-73   设置艺术字格式对话框

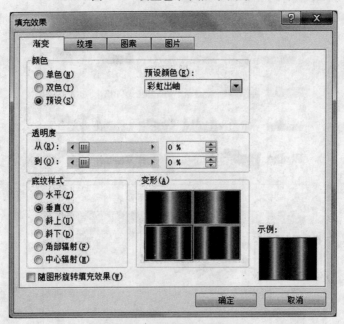

图 1-74   填充效果对话框

3. 选择艺术字，单击"格式"选项卡"排列"组中的"文字环绕"下的列表中选择"浮于文字上方"，如图 1-75 所示。单击"格式"选项卡"艺术字样式"组中的"更改艺术字形状"下的"两端远"形状，如图 1-76 所示。根据样文调整艺术字大小，移动到合适的位置。艺术字样文如图 1-77 所示。

图 1-75　文字环绕

图 1-76　艺术字形状

图 1-77　艺术字样文

4. 制作封面页的文字和日期域。根据样文在该页面的下方某位置双击，利用 Word 的即点即输功能输入"作者：考生姓名"内容，设置为华文新魏，二号，蓝色。双击桌面右下角的"日期和时间"按钮，在出现的对话框中将日期改为 2011 年 8 月 8 日，单击"插入"选项卡"文本"组中"文档部件"按钮中的"域"命令，如图 1-78 所示。在出现的如图 1-79 所示的"域"对话框中将类别设置为日期和时间，域名选择 Date，日期格式选择与样文相同的日期格式后确定，就插入了日期域。选择日期域时可以看到有灰色的底纹，普通日期格式无底纹。

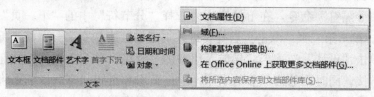

图 1-78　插入域命令

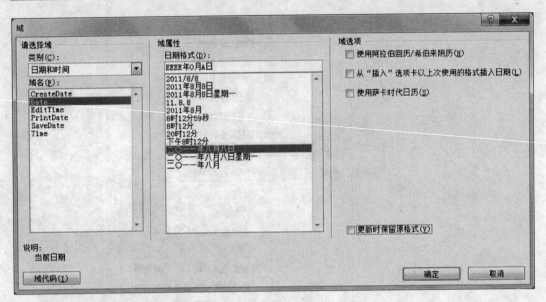

图 1-79   域对话框

5. 制作封面页的水印。单击"页面布局"选项卡"页面背景"组中的"水印"命令下的"自定义水印"命令，在出现的如图 1-80 所示的"水印"对话框中选择图片水印，单击"选择图片"按钮选择相应的水印图片，去掉"冲蚀"的勾后确定，图片水印就生成了。双击页眉处，进入页眉和页脚状态，选择水印图片，调整大小，关闭页眉和页脚状态，水印就可以做得与样文相同了。

图 1-80   水印对话框

6. 粘贴文本素材。将光标定位到日期域的后面，单击"页面布局"选项卡"页面设置"组中的"分隔符"命令，在下拉列表中选择"分节符"中的"下一页"后确定，如图 1-81 所示。单击第二页，双击页眉处，进入页眉和页脚状态，分别将光标定位到页眉和页脚中，单击"设计"选项卡"导航"组中的"链接到前一条页眉"按钮，取消与前一条页眉的链接。同时删除第二节的水印，退出页眉和页脚状态。接下来将光标定位到第二页中，设置字体格式为宋体，五号，黑色。打开素材文件，按 Ctrl＋A 选择全部内容，复制文本素材中的全部内容，粘贴到第二页中。删除标题"自行车发展史"。

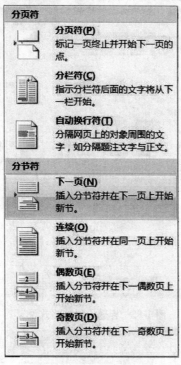

图 1-81　分隔符列表

7. 章标题设置。选择第一章的标题，单击"开始"选项卡"样式"组中的"标题一"按钮，如图 1-82 所示。接下来按照题目中的标题一样式的要求设置字体格式和段落格式。在"开始"选项卡"字体"组中设置字体格式为宋体，二号，加粗。单击"开始"选项卡"段落"组右下角的对话框启动器，在如图 1-83 所示的"段落"对话框中设置段落格式为段前 1 行，段后 1 行，单倍行距，居中对齐后确定。由于段前间距的设置前后的单位不同，所以需要输入值"1 行"，其他选项可以直接选择。然后在原有的数字"1"的前后分别加上"第"和"章"。双击"格式刷"按钮复制设置好的标题一格式，粘贴格式到其他的标题一中，最后单击"格式刷"按钮取消复制格式。

8. 节标题设置。选择 2.1 节标题，单击"开始"选项卡"样式"组中的"标题二"按钮，按照题目要求设置相应的字体格式和段落格式。使用"格式刷"按钮复制格式到其他的节标题中。同时在"开始"选项卡"样式"组中自动增加"标题三"按钮备用。

9. 小节标题设置。选择 4.2.1 小节标题，单击"开始"选项卡"样式"组中的"标题三"按钮，按照题目要求设置相应的字体格式和段落格式。特殊的是行距选择"固定值"，设置为"20 磅"，如图 1-84 所示。使用"格式刷"按钮复制格式到其他的小节标题中。

图 1-82　开始选项卡样式组

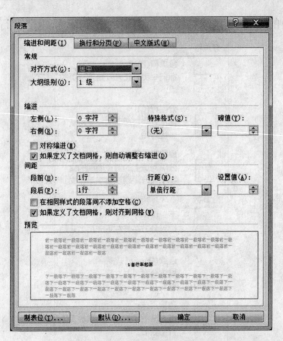

图 1-83 标题一段落格式设置

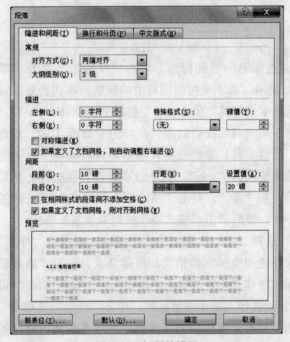

图 1-84 行距的设置

10. 正文设置。选择正文第一段，按照题目要求设置相应的字体格式和段落格式。使用"格式刷"按钮复制格式到其他的正文段落中。

11. 设置文档的页边距。将光标定位到文档中，单击"页面布局"选项卡"页面设置"组中的"页边距"按钮下的"自定义边距"命令，在出现的如图 1-85 所示的"页面设置"对话框中设置上下页边距为 2.5 厘米，左右页边距为 3 厘米。

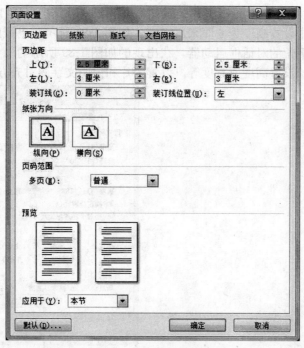

图 1-85　页面设置对话框

12．设置首字下沉。将光标定位到文档的第一段，单击"插入"选项卡"文本"组中"首字下沉"列表中的"首字下沉选项"命令，如图 1-86 所示。在出现的如图 1-87 所示的"首字下沉"对话框中设置位置为"下沉"，字体为"华文新魏"。

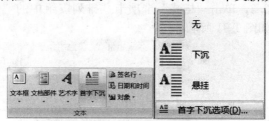

图 1-86　首字下沉及其列表

图 1-87　首字下沉对话框

13．插入图片 1.1。将光标定位到"图 1.1　世界上第一辆自行车"的上方，单击

"插入"选项卡"插图"组中的"图片"按钮，插入图 1.1。选择图 1.1，单击"格式"选项卡"大小"组中设置高度为 6 厘米后回车，如图 1-88 所示。也可以单击"格式"选项卡"大小"组右下角的对话框启动器，在出现的如图 1-89 所示的"大小"对话框中确认是否锁定纵横比，设置高度或宽度等。设置图片和说明文字的对齐方式为水平居中。

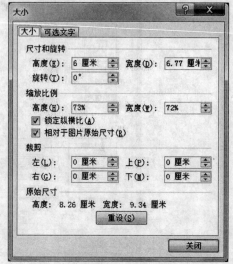

图 1-88 设置图片高度   图 1- 89 大小对话框

14. 插入其他图片。同理插入其他图片到相应的位置，设置高度，锁定纵横比，并设置图片和说明文字对齐方式为水平居中。特殊设置之处有：选择图 2.1，单击"格式"选项卡"调整"组中的"重新着色"按钮，在列表中选择"颜色模式"下的"冲蚀"，如图 1-90 所示；选择图 2.3，单击"格式"选项卡"排列"组中的"文字环绕"按钮下的"紧密型环绕"命令，如图 1-91 所示。

图 1-90 格式选项卡调整组及其列表

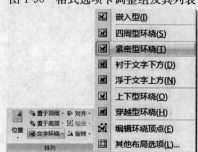

图 1-91 格式选项卡排列组中的文字环绕及其命令

15. 设置图 3.1 时，首先要在"大小"对话框中取消锁定纵横比，才能设置固定的高度和宽度，如图 1-92 所示。选择图 3.2，单击"格式"选项卡"排列"组中的"旋转"按钮下的"向左翻转 90°"命令，如图 1-93 所示。

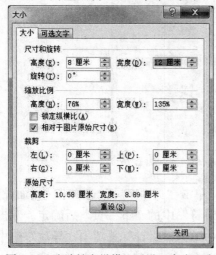

图 1-92　取消锁定纵横比后设置高度和宽度　　　　图 1-93　格式选项卡排列组中的旋转及其命令

16. 制作 2010 年十大山地自行车品牌排行榜表格。打开"表格数据素材.txt"，复制全部内容，粘贴到 Word 文档的相应位置中，设置表格的标题为水平居中。选择表格内容，单击"插入"选项卡"表格"组中的"表格"按钮列表中选择"文本转换成表格"命令，如图 1-94 所示。在出现的如图 1-95 所示的"将文字转换成表格"对话框中单击确定即可。双击列标题的右边线，使表格内容在一行内显示。选择表格的第一行，单击"开始"选项卡"段落"组中的"下框线"按钮下的"边框和底纹"命令，在出现的"边框和底纹"对话框中设置淡蓝色底纹。

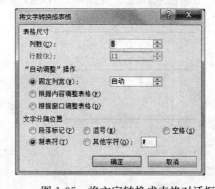

图 1-94　文本转换成表格命令　　　　　　　图 1-95　将文字转换成表格对话框

17. 将文字替换为图片。将光标定位到第一个需替换图片的文字处，单击"插入"选项卡"插图"组中的"图片"按钮，插入"自行车 logo"图片，根据样文调整图片大小，复制该图片。单击"开始"选项卡"编辑"组中的"替换"命令，在出现的如图 1-96 所示的"查找和替换"对话框中设置查找内容为"自行车"，将光标定位到替换为的下拉列表框中，单击"更多"按钮，再单击"特殊格式"按钮下的"剪贴板内容"命令，单击"替换"按钮，将正文中的自行车内容全部替换，若是非正文（如标题、题注、表格）中的自行车就不替换，单击"查找下一处"按钮，继续正文中的替换。直到将正文中的自行车全部替换为图片。

图 1-96　查找和替换对话框

18. 生成目录。将光标定位到日期域的后面，单击"页面布局"选项卡"页面设置"组中的"分隔符"命令，在下拉列表中选择"分节符"中的"下一页"后确定。双击页眉处，进入页眉和页脚状态，分别在页眉和页脚中单击"设计"选项卡"导航"组中的"链接到前一条页眉"按钮，取消与前一条页眉的链接。同时删除第二节的水印，退出页眉和页脚状态。单击"页面布局"选项卡"页面设置"组中的"分隔符"命令，在下拉列表中选择"分页符"中的"分页符"后确定。在增加的第一页上输入"目录"二字，第二页上输入"图表目录"四字。将光标定位到目录二字的后面一行，单击"引用"选项卡"目录"组中的"目录"按钮下的"插入目录"命令，在如图 1-97 所示的"目录"对话框中单击"确定"，目录就插入到相应的位置。然后设置目录中的字体格式。选择"目录"二字，设置为宋体、一号，加粗。选择目录中的一级目录，设置为宋体、四号，加粗。选择二级目录，设置为宋体，小四，加粗。三级目录为宋体、小四。整个目录的行间距为 1.5 倍。目录样文如图 1-98 所示。

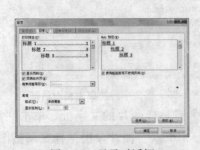

图 1-97　目录对话框

图 1-98　目录样文

19. 生成图表目录。将光标定位到图 1-1 所在的位置，将原有的"图 1-1"的文字删除，选择"引用"选项卡"题注"组中的"插入题注"按钮，在如图 1-99 所示的"题注"对话框中，设置选项"标签"为图，单击"编号"按钮设置题注编号如图 1-100 所示，勾选包含章节号后确定，再次确认"题注"对话框中的题注和样文相同后确定。

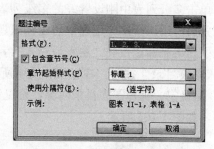

图 1-99 题注对话框　　　　　　　　　　　　图 1-100 题注编号对话框

20. 若无任何提示，继续将光标定位到图 2.1 所在的位置，将"图 2-1"的文字删除，选择"引用"选项卡"题注"组中的"插入题注"按钮，在"题注"对话框中单击确定即可，同理设置其他题注。若出现如图 1-101 所示的提示要使用多级列表中选择连接到标题样式的编号方案，则将光标定位到第一章标题处，单击"开始"选项卡"段落"组中的"多级列表"按钮，选择如图 1-102 所示的基础格式，再选择"定义新的多级列表"命令，在"定义新的多级列表"的对话框中设置，如图 1-103 所示。

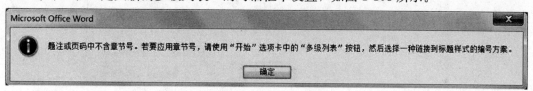

图 1-101 错误提示

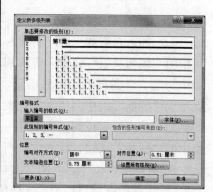

图 1-102 定义多级列表命令　　　　　　　　图 1-103 多级列表设置

21. 将 1、2 和 3 级的编号格式设置为和样文相同后确定。将光标定位到各级标题中，单击多级列表中刚设置好的多级列表编号方案，相同级别的可以使用格式刷按钮复制格式后应用。全部应用完毕后再插入题注即可。图的题注建立好了后就可以插入图表目录了。将光标定位到"图表目录 4"字的后面，单击"引用"选项卡"题注"组中的"插入图表目录"按钮，在如图 1-104 所示的"图表目录"对话框中，确认题注标签为"图"后确定，选择图表目录内容，设置为宋体、小四，行间距为 1.5 倍。图目录就制作好了，如图 1-105 所示。

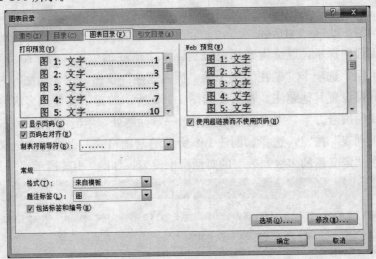

图 1-104　图表目录对话框

图表目录

图 1-105　图表目录样文

22. 插入页眉和页脚。将光标定位到正文的第一页，单击"插入"选项卡"页眉"组中的"编辑页眉"命令，进入到正文的页眉和页脚状态。单击"设计"选项卡"选项"组中勾选"奇偶页不同"后确定，如图 1-106 所示。分别在页眉和页脚中单击"设计"选项卡"导航"组中的"链接到前一条页眉"按钮，取消与前一条页眉的链接。并将水印删除。将光标定位到正文的第一页（奇数页）的页眉，单击"插入"选项卡"插图"组中的"图片"按钮，插入"自行车 logo"图片，调整图片大小与样文相同。单击"插入"选项卡"文本"组中的"文档部件"按钮下的"域"命令，在如图 1-107 所示的"域"对话框中选择类别为"文档信息"，域名为"FileName"后确定。

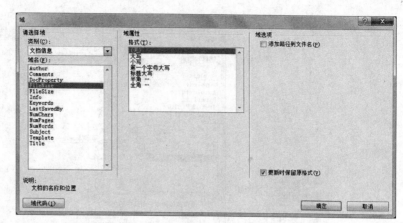

图 1-106　奇偶页不同命令　　　　　　图 1-107　页眉中插入文件名的设置

23. 选择文件名后设置为华文行楷，小四。选择文件名，单击"开始"选项卡"段落"组中的"下框线"按钮下的"边框和底纹"命令，在出现的如图 1-108 所示的"边框和底纹"对话框中设置线型为"实线"，颜色为"蓝色"，宽度为"3 磅"，应用于"段落"后确定。将光标定位到正文的第一页的页脚，单击"设计"选项卡"页眉和页脚"组中的"页码"按钮下的"设置页码格式"命令，在出现的"页码格式"对话框中设置为默认的页码数字格式，如图 1-109 所示，起始页码为 1 后确定。单击"设计"选项卡"页眉和页脚"组中的"页码"按钮，选择"页面底端"下的"普通数字 2"的命令。在页脚插入的页码前后分别加上"第"和"页"字，并按照要求设置为相应的字体格式。将光标定位到正文的第二页（偶数页）的页眉，输入"车"字，选择后单击"审阅"选项卡"中文简繁转换"组中的"简转繁"命令，将它变为繁体字，如图 1-110 所示。接下来单击"插入"选项卡"文本"组中的"文档部件"按钮中的"域"命令，在出现的如图 1-111 所示的"域"对话框中将类别设置为链接和引用，域名为 StyleRef，样式名为标题 1 后确定，章名称就在页眉中了，将页眉设置为题目要求的字体格式即可。单击"设计"选项卡"关闭"组中的"关闭页眉和页脚"按钮回到正文编辑状态。

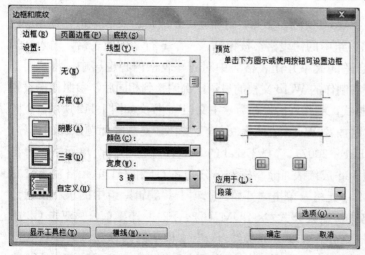

图 1-108　边框和底纹对话框

图 1-109　页码格式对话框

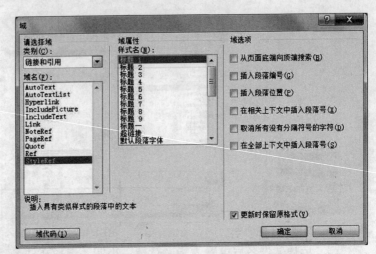

图 1-110　中文简繁转换　　　　　　图 1-111　页眉中插入标题—内容的设置

24. 更新目录和图表目录。将光标定位于目录处，右键单击后在快捷菜单中选择"更新域"命令来更新目录。然后将光标定位于图表目录处，右键单击后在快捷菜单中选择"更新域"命令来更新图表目录。若图表目录设置了字符格式或段落格式，更新目录后需要重新设置格式。

Word 实训项目 B3

一、实训题目

请参照"附加题-Pdf-成绩通知单. pdf"，利用 Word 邮件合并功能，制作每位考生的成绩通知单。要求根据情况提示考生是否获得复试资格。

二、实训步骤

1. 制作主文档。新建一个 Word 文档，参照"附加题-Pdf-成绩通知单. pdf"，在相应位置单击"插入"选项卡"表格"组中的"表格"按钮插入一个 6 行 3 列的表格，输入文档中不变的内容。缩放表格到合适的大小并让表格居中对齐，表格内容也居中。将"附加题-Pdf-成绩通知单. pdf"和正在制作的 Word 文档的显示比例调整到相同后，参照样例设置 Word 文档的字符格式和段落格式。制作好后保存为"主文档"，样文如图 1-112 所示。

2. 制作数据源。打开"附加题-Word-成绩表. docx"文档，复制除标题以外的内容，只包括列标题和数据。启动 Excel 2007，选择 Excel 的 Sheet1 中的第一个单元格，单击"粘贴"按钮。参照"附加题-Jpg-成绩表. jpg"样例，分别在 G1 和 H1 单元格输入"总分"和"复试资格"。选择 G2 单元格，单击"开始"选项卡"编辑"组中的求和按钮计算总分。也可以在 G2 单元格直接输入公式"＝SUM（C2：F2）"计算总分。双击 G2 单元格右下角的填充柄计算其他总分。参照"分数线. txt"文件中的条件和总分是否大于 296 的条件使用 if 函数计算复试资格。H2 单元格的公式为如图 1-113 所示。双击 H2 单元格右下角的填充柄计算其他复试资格。保存为"数据源"，样文如图 1-114 所示。

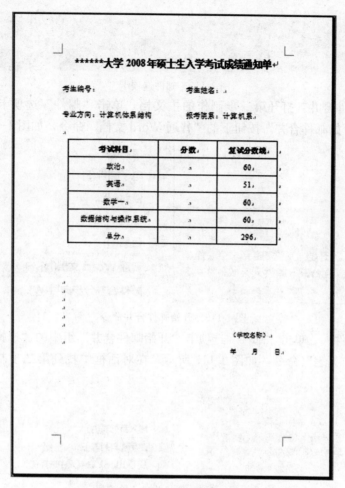

图 1-112　主文档样文

=IF(OR(C2<60, D2<51, E2<60, F2<60, G2<296), "否", "是")

图 1-113　H2 单元格的公式

	A	B	C	D	E	F	G	H
1	考生编号	姓名	政治	英语	数学一	数据结构与操作系统	总分	复试资格
2	71012001	陈 怡	77	53	85	79	294	否
3	71012002	杜文昊	69	64	94	81	308	是
4	71012003	黄铁洋	87	60	83	77	307	是
5	71012004	李欣欣	86	50	92	80	308	否
6	71012005	李欣雨	81	47	86	81	295	否
7	71012006	刘胜君	85	45	94	73	297	否
8	71012007	罗胜刚	79	50	88	81	298	否
9	71012008	孟翔	80	65	74	76	295	否
10	71012009	赵玲玲	77	58	80	79	294	否
11	71012010	郑广智	82	53	95	76	306	是

图 1-114　数据源样文

3. 邮件合并。邮件合并的所有操作都是在"邮件"选项卡中进行，如图 1-115 所示。

图 1-115　邮件选项卡

4. 开始邮件合并：打开第一步制作的主文档，单击"邮件"选项卡"开始邮件合并"组中的"开始邮件合并"按钮下的"普通 Word 文档"命令，如图 1-116 所示。

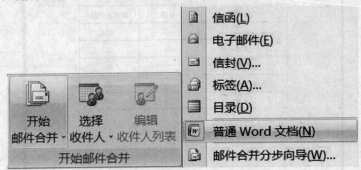

图 1-116　开始邮件合并命令

5. 选择收件人。单击"邮件"选项卡"开始邮件合并"组中的"选择收件人"按钮下的"使用现有列表"命令，如图 1-117 所示。在对话框中找到第二步制作的数据源文档后确定。

图 1-117　选择收件人命令

6. 插入合并域。将光标定位到变化的内容处（如考生编号），单击"邮件"选项卡"编写和插入域"中的"插入合并域"按钮，在出现的列表中单击相应的域名（如考生编号），如图 1-118 所示。再将光标移动到其他需要插入域的地方，一一插入相应的域。将光标定位到表格的下方，单击"编写和插入域"中的"规则"按钮下的"如果…那么…否则"命令，如图 1-119 所示。在出现的如图 1-120 所示的"插入 Word 域：IF"对话框中设置域名为"复试资格"，比较条件为"等于"，比较对象为"否"，则插入此文字为"很抱歉，您未能获得复试资格。欢迎再次报考，谢谢！"，否则插入此文字为"复试通知：请于 2008 年 3 月 29 日 8:00 持准考证前往教九 405 参加复试。"后确定。

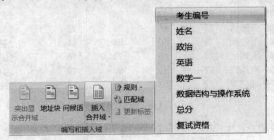

图 1-118　插入合并域命令

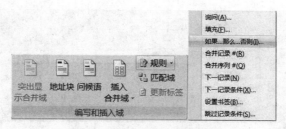

图 1-119　插入域的规则命令

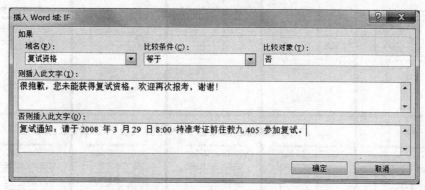

图 1-120　插入 Word 域：IF 对话框

7. 预览结果。单击"预览结果"组中的"预览结果"按钮，如图 1-121 所示。查看合并后的数据是否对应，格式是否和样文相同，若不同，此时可以调整。也可以单击"下一记录"按钮查看其他记录。

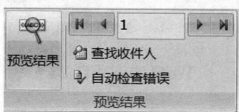

图 1-121　预览结果命令

8. 完成并合并。单击"完成"组中的"完成并合并"按钮下的"编辑单个文档"命令，如图 1-122 所示。在出现的如图 1-123 所示的"合并到新文档"对话框中单击"确定"，产生一个"信函 1"的新文档，如图 1-124 所示。每位考生的成绩通知单就制作好了，将此文件命名为题目要求的文档名即可。

图 1-122　完成并合并命令

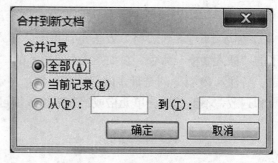

图 1-123　合并到新文档对话框

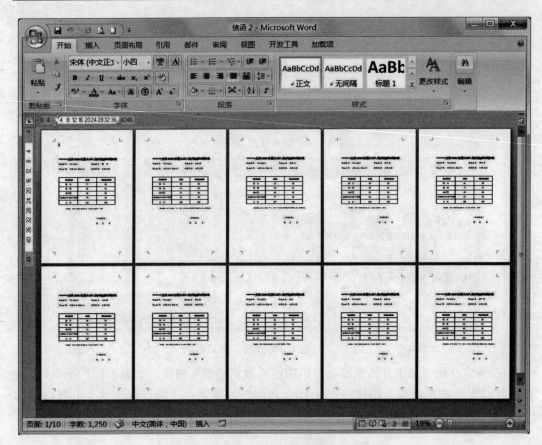

图 1-124 合并文档后样文

Word 实训项目 B4

一、实训题目

打开"干部任免审批表.jpg",使用 Word 绘制相同的表格,并插入域。其中红色矩形框标注的域为下拉型窗体域,其他为文字型窗体域。

二、实训步骤

1. 新建一个 Word 文档,输入标题文字"干部任免审批表"后回车。

2. 插入 19 行 8 列表格,方法是:单击"插入"选项卡"表格"组中的"表格"按钮下的"插入表格"命令,在如图 1-125 所示的"插入表格"对话框中设置 19 行 8 列后确定。备注:19 行 8 列是最多的行数和列数,多余的合并单元格即可。另外,也可少画行数和列数,不够的拆分单元格或绘制表格线即可。

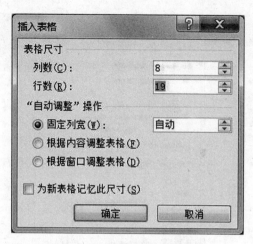

图 1-125　插入表格对话框

3. 按表格要求合并或拆分单元格，方法是：选择要合并或拆分的单元格，单击"布局"选项卡"合并"组中的"合并单元格"或者"拆分单元格"命令，如图 1-126 所示。

图 1-126　合并或拆单元格

4. 按素材中的样文大致调整单元格的高度和宽度。最好的方法是拖动右框线调整宽度，拖动下框线调整高度。

5. 输入文字。注意：相同内容使用复制粘贴功能可以节约很多时间。

6. 表格中的文字有些是左对齐，有些是居中。设置文字的对齐方式，方法是选择要设置对齐方式的单元格，单击"布局"选项卡"对齐方式"组中的相应的对齐按钮。如图 1-127 所示。注意：可以选择多个具有相同对齐方式的单元格进行批量设置以提高效率。

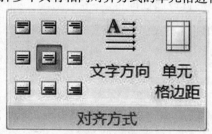

图 1-127　对齐方式

7. 要插入域，首先需要显示"开发工具"选项卡。单击"Office 按钮"→"Word 选项"，在出现的如图 1-128 所示的"Word 选项"对话框中的"常用"标签下勾选在功能区显示"开发工具"选项卡选项后确定。单击"开发工具"选项卡"控件"组中的"旧式工具按钮"就有与样文中相同的控件了，如图 1-129 所示。

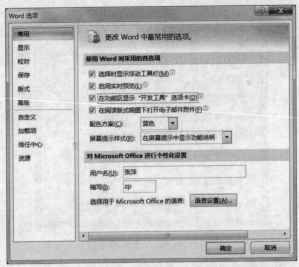

图 1-128　Word 选项对话框

图 1-129　开发工具选项卡中的控件组中的旧式工具

8. 插入文字型窗体域，方法是首先将光标定位到要插入文字型窗体域的单元格，接下来单击"开发工具"选项卡"控件"组中的"旧式工具"下的"旧式窗体"列表中的文字型窗体域按钮 abl，文字型窗体域就插入到单元格中了。选中文字型窗体域，单击"控件"组中的"属性"命令，右键单击选择"属性"命令或双击控件后都会出现如图 1-130 所示的"文字型窗体域选项"对话框，在对话框中的"默认文字"的下方输入显示的文字如"输入区"等。对于其他的文字型窗体域，方法一是采用上面一样的方法插入文字型窗体域后设置属性；方法二是对于相同文字的文字型窗体域可以通过复制粘贴即可，不同的文字复制粘贴后修改属性即可。

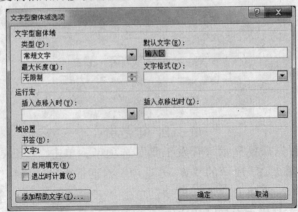

图 1-130　文字型窗体域选项对话框

9. 样文中有红色矩形框标注的域为下拉型窗体域，插入下拉型窗体域，方法是首先将光标定位到要插入下拉型窗体域的单元格，接下来单击"开发工具"选项卡"控件"组中的"旧式工具"下的"旧式窗体"列表中的组合框（下拉型窗体域按钮 ），下拉型窗体域就插入到单元格中了。选中下拉型窗体域，单击"控件"组中的"属性"命令，右击选择"属性"命令或双击后都会出现图 1-131 所示的"下拉型窗体域选项"对话框，在对话框中的"下拉项"中输入显示的文字如"女"，输入后单击"添加"按钮，内容就添加到"下拉列表中的项目"中了，第一个内容就是下拉型窗体域显示的内容，其他为供选择的内容。若还有内容如"男"，就继续在"下拉项"中输入后添加到"下拉列表中的项目"中。若题目上没有告知下拉内容，就只写第一个即可。若题目上有下拉内容，必须一一添加进去。若输入错误，可以在"下拉列表中的项目"选择输入错误的内容后单击"删除"按钮。若"下拉列表中的项目"中的内容顺序错误，可以单击右边的 上 或 下 移动按钮调整顺序。

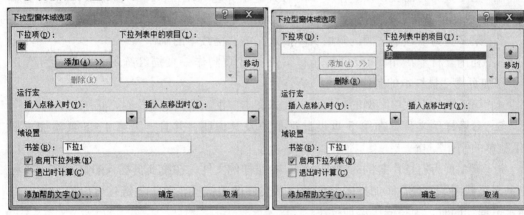

图 1-131　下拉型窗体域选项对话框

10. 红色框线有两种，一种是单元格框线，一种是文字框线。设置红色框线，方法一是选中要设置框线的单元格或文字，单击"开始"选项卡"段落"组中的"下框线"按钮下的"边框和底纹"命令，在"表格和边框"对话框中的"边框"页面中设置样式为"实线"，颜色为"红色"，宽度为"1.5 磅"。后单击"方框"按钮，最后确认应用于"单元格"还是"文字"后确定。如图 1-132、图 1-133 所示。

图 1-132　文字边框   图 1-133　单元格边框

备注：在"开发工具"选项卡"控件"组中还有很多常用的控件，如格式文本、纯文本、图片内容控件、组合框、下拉列表和日期选取器等等，有些控件可以直接输入文字，也可以通过"属性"命令设置。

Word 实训项目 B5

一、实训题目

（一）问题一

参照样例文档"Office 2007 决赛操作题 1. pdf"，利用给定的素材，完成下列操作任务，并将制作好的文档保存为"Office 2007 决赛操作题 1. docx"。

素材文件列表：人物. wmf、花. jpg、树. jpg、earth. gif、hurry. wmf、月球与地球. exe、HurryUP. exe。

1. 第 1 页为封面页，以竖排文字的方式显示标题"Office 2007 决赛操作题"，并插入自动生成的目录与页码，插入素材图片"人物. wmf"，并显示制作者与制作时间。

2. 第 2 页为描红本案例的封面页，插入文本"描红本的制作"。

3. 利用素材"花. jpg"和"树. jpg"，在第 3 页制作一页描红练习。并且，为第 2、3 页添加页眉"描红本的制作"。

4. 第 4 页为汇款单案例的封面页，插入文本"汇款单的制作"。

5. 参照样例文件，在第 5 页设计汇款单及其说明。并且，为第 4、5 页添加页眉"汇款单的制作"。

6. 第 6 页为幻灯片案例的制作页面，参照样例文件，在第 6 页插入幻灯片演示过程中的屏幕截图。并且，添加指向幻灯片演示文件的超链接，单击超链接可以进入相应的演示过程。同时，为超链接添加批注。

7. 为了配合第 6 页的文字说明，利用素材"earth. jpg"，参照样例文件"月球与地球. exe"的效果，制作"月球和地球"幻灯片。然后，利用素材"hurry. wmf"，参照样例文件"HurryUP. exe"的效果，制作"HurryUP"幻灯片。

（二）问题二

为进一步提升公司业绩，销售科经理决定组织公司内 10 名员工参加行业协会举办的"销售金典"业务培训。现需要为 10 位员工制作听课证，请参照样例文件"听课证. pdf"进行制作。要求如下：

1. 利用 Word 邮件合并功能进行听课证的批量生成，要求每张听课证上显示员工姓名和照片。员工与照片的对应关系请见"照片信息. txt"。

2. 在听课证的右半部分制作一个日历，格式可以参见样例文件，也可自行设计。

二、实训步骤

（一）问题一实训步骤

1. 制作封面。新建一个 Word 文档，单击"插入"→"文本"→"艺术字"，在出现的"艺术字库"列表中选择第一个艺术字格式后确定，在接着出现的"编辑艺术字文字"对话框中输入文字"Office 2007 决赛操作题"，设置字体为黑体、加粗。选择艺术字，单击"格式"→"艺术字样式"→"形状填充"，如图 1-134 所示。在出现的列表中选择填充颜色为黑色。选择艺术字，单击"格式"→"排列"→"文字环绕"→"浮于文字上方"，如图 1-135 所示。选择艺术字，单击"格式"→"文字"→"艺术字竖排文字"，设置为竖排方向，如图 1-36 所示。将正在制作的文档和样文的显示比例调整为相同（如 50%），然后根据样文调整艺术字大小并移到合适的位置。

图 1-134   艺术字样式组

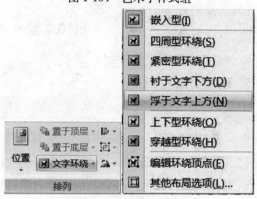

图 1-135   文字环绕

图 1-136   艺术字竖排文字

2. 插入封面图片，输入文字。单击"插入"→"插图"→"图片"，插入素材图片"人物.wmf"。选择该图片，单击"格式"→"排列"→"文字环绕"，在列表中选择"浮于文字上方"，并将图片移到相应的位置。双击要输入内容的地方，输入制作者与制作时间，设置相应的字符格式。目录最后做。

3. 每页都有的灰色矩形在最后一页插入批注时自动产生。

4. 描红本封面的制作。将光标定位在第 1 页的制作时间后面，单击"页面布局"→"页面设置"→"分隔符"，在下拉列表中选择"分节符"中的"下一页"后确定。在第 2 页中的相应位置双击后输入文字"描红本的制作"，并设置相应的字符格式。单击"插入"→"页眉和页脚"→"页眉"→"编辑页眉"，进入页眉和页脚状态。在页眉中，单击"设计"→"导航"→"链接到前一条页眉"，取消与前一条页眉的链接，如图 1-137 所示。输入相应的页眉文字，设置为右对齐后关闭页眉和页脚状态。在该页的文字后面，单击"页面布局"→"页面设置"→"分隔符"，在下拉列表中选择"分页符"中的"分页符"后确定。在出现的页面中进行描红本的制作。

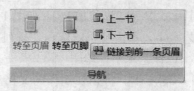

图 1-137　取消与前一条页眉的链接

5. 描红本的制作。单击"插入"→"表格"→"表格",插入 4 行 10 列的表格。选择第 1 行单元格,单击"布局"→"合并"→"合并单元格",合并单元格,如图 1-138 所示。同理合并第 2 行和第 3 行的单元格。选择前 3 行的单元格,单击"布局"→"单元格大小",在高度中输入行高值 0.4 厘米,如图 1-139 所示。

图 1-138　合并单元格

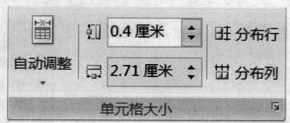

图 1-139　高度宽度设置

6. 选择表格,单击"开始"→"段落"→"下框线"→"边框和底纹"。在"边框和底纹"对话框中设置颜色为"红色",全部边框,应用于表格。选择第 4 行,单击"设计"→"绘图边框"→"绘制表格",如图 1-140 所示,设置线型为虚线,颜色为红色,在第 4 行中画一水平的虚线和多条垂直的虚线。不画时单击"绘制表格"按钮取消绘制。选择最后 2 行,单击"布局"→"单元格大小",在"高度"中调整或输入行高值 0.8 厘米。选择整个表格,将光标定位到本页的开头,复制后粘贴 2 次。复制第 1 行,在第 6 行的位置粘贴 1 次。在第 8 列的隐藏画一直线,合并前 8 列,并设置第 6 行无左右边线。将制作好的表格复制一份在下方,产生图 1-141 所示的效果。接下来在第 1 个单元格中输入"树",设置字号为小初、加粗。选择"树"字,单击"开始"→"字体"→"拼音指南",如图 1-142 所示,在出现的如图 1-143 所示的"拼音指南"对话框中设置对齐方式为"居中"后确定。选择并复制一份"树"字到空白的地方,在其"拼音指南"对话框中设置偏移量为 10 后确定,将其选择后剪切,单击"开始"→"剪贴板"→"粘贴"→"选择性粘贴",在如图 1-144 所示的"选择性粘贴"对话框中粘贴为图片(增强性图元文件)后确定。选择粘贴后的"树"的图片,使用"格式"选项卡的"大小"组中的"裁剪"按钮将空白处裁剪掉,设置"文字环绕"为浮于文字上方。将其复制多份,移动到表格中的相应位置。最后插入树的图片。同理制作"花"字。

图 1-140　设置边框颜色、线型

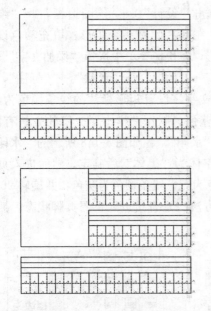

图 1-141　制作的表格样文

图 1-142　拼音指南

图 1-143　拼音指南对话框　　　　　　图 1-144　选择性粘贴对话框

　　7. 汇款单封面的制作。将光标定位在第 3 页的最后，单击"页面布局"→"页面设置"→"分隔符"，在下拉列表中选择"分节符"中的"下一页"后确定。在第 4 页中的相应位置双击后输入文字"汇款单的制作"，并设置相应的字符格式。单击"插入"→"页眉和页脚"→"页眉"，进入页眉和页脚状态，在页眉中，单击"设计"→"导航"→"链接到前一条页眉"，取消与前一条页眉的链接。输入相应的页眉文字，设置为右对齐后退出页眉和页脚状态。在该页的文字后面，单击"页面布局"→"页面设置"→"分隔符"，在下拉列表中选择"分页符"中的"分页符"后确定。在出现的页面中进行汇款单的制作。

　　8. 汇款单的制作。将光标定位在本页，单击"页面布局"→"页面设置"→"页面方向"→"横向"，该页面变为横向，如图 1-145 所示。输入文字"某某银行汇款单"。单击"插入"选项卡"表格"组中的"表格"，插入 4 行 2 列的表格。拖动右边线和下边线调整表格间距。在"表格和边框"对话框中设置全部框线为实线、3 磅、深蓝色。单击"设计"→"绘图边框"→"绘制表格"，画上其他的表格线。合并第 2、3、4 行的第 1 列单元格，输入文字，设置为四号、加粗、深蓝色、分散对齐。选择第 1 列，单击"布局"→"对齐方式"→"文字方向"，将第 1 列的文字方向设置为纵向，如图 1-146 所示。输入表格中的其他文字，设置为小四和相应的颜色。在如图 1-147 所示的特殊符号软键盘中找到并插入表格中的"□"号。单击"设计"→"绘图边框"→"绘制表格"，画一条直线，设置为相应的粗细和颜色。在其右侧画一个矩形，填充颜色设置为无，线条颜色为粉红色和相应的粗细。右击矩形，在快捷菜单中选择"添加文字"命令，在矩形框中输入样文所示的文字。单击"插入"→"插图"→"形状"→"标注"，选择矩形标注，画 3 个矩形标注并分别输入相应的文字，设置矩形标注的线条颜色为红色，填充颜色为淡灰色，文字颜色为红色，部分为蓝色。制作"样本"二字的方法有两种。方法一是单击"页面布局"→"页面背景"→"水印"，在如图 1-148 所示的"水印"对话框中设置为"文字水印"，文字为"样本"，字体为"黑体"后确定，然后进入页眉页脚状态，选择作为水印的艺术字，设置填充颜色为无，线条颜色为灰色，并旋转 90°。使水印和样文相同，复制一份放到相应的位置。方法二是直接进入页眉页脚状态，插入艺术字"样本"，进行相应的设置并复制一份即可。

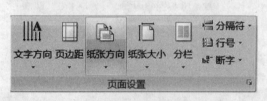

图 1-145　页面设置组

图 1-146　文字方向命令

图 1-147　特殊符号软键盘

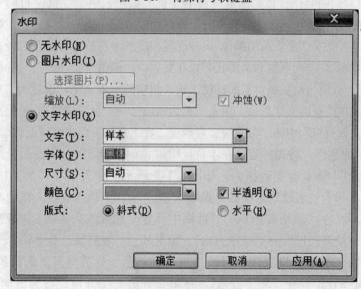

图 1-148　水印对话框

9. 幻灯片介绍的制作。将光标定位在汇款单表格的最后，单击"页面布局"→"页面设置"→"分隔符"，在下拉列表中选择"分节符"中的"下一页"后确定。输入相应的文字并设置字符格式。

10. 月球与地球的幻灯片制作。打开 PowerPoint 2007 软件，新建一个 PowerPoint 空演示文稿，单击"开始"→"幻灯片"，选择"版式"下的空白版式，将幻灯片设置为空白版式，如图 1-149 所示。右击幻灯片后在快捷菜单中选择"设置背景格式"命令，在如图 1-150 所示的"设置背景格式"对话框中选择"填充"下的"纯色填充"，颜色为样文中的蓝色后关闭。插入图片"earth. gif"并调整到相应的大小。

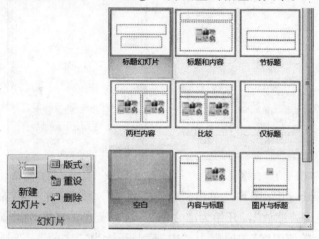

图 1-149　设置空白版式

图 1-150　纯色填充

11. 单击"开始"选项卡"绘图"组中的椭圆形状，画一个椭圆，设置填充颜色为无，线条颜色为淡蓝色，线条粗细为 4.5 磅。画一个正圆，设置填充颜色和线条颜色为黄色。单击"插入"→"文本"→"文本框"，插入一个横排文本框，输入文字"月球和地球"并设置相应的字符格式（如黑体、黄色、54 号）。接下来单击"动画"选项卡"动画"组中的"自定义动画"命令，如图 1-151 所示，在出现的如图 1-152 所示的"自定义动画"窗格中设置。

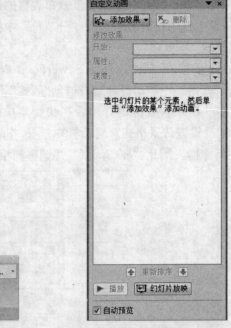

图 1-151　自定义动画　　　　　图 1-152　自定义动画窗格

12. 选择"earth. gif"图片，单击"自定义动画"窗格中的"添加效果"按钮，设置进入方式为"淡出式缩放"，开始为"之前"。选择蓝色的椭圆，设置进入方式为"轮子"，辐射状为"1 轮辐图案"，速度为"中速"，开始为"之前"。选择黄色的正圆，设置进入方式为"淡出式缩放"，动作路径为圆形扩展，并调整圆形路径与蓝色椭圆重合，开始为"之前"。右击动作路径，在快捷菜单中选择效果选项，在如图 1-153 所示的效果标签中去掉"平稳开始"和"平稳结束"的勾选。在如图 1-154 所示的计时标签中，设置延迟为"0.4 秒"，重复为"直到幻灯片末尾"。选择文本框，设置进入方式为"淡出式缩放"，延迟为"3 秒"，开始为"之后"。在制作好的幻灯片上单击"Office 按钮"→"另存为"，在"另存为"对话框中设置保存位置、文件名，保存类型为 PowerPoint 放映，保存为 pps 放映文件。

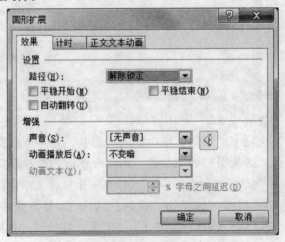

图 1-153　圆形扩展对话框－效果标签

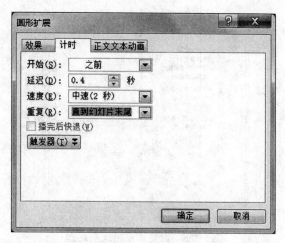

图 1-154　圆形扩展对话框－计时标签

13. 双击该文件，在放映时按住键盘上的"Print Screen"键进行屏幕截图，粘贴到 Word 文档中相应的位置。选择文字"月球与地球.pps"，单击"插入"→"链接"→"超链接"，如图 1-155 所示，在如图 1-156 所示的"插入超链接"对话框中找到当前文件夹中的文件"月球与地球.pps"后确定。单击"审阅"→"批注"→"新建批注"，如图 1-157 所示，新建批注，输入相应的批注文字。

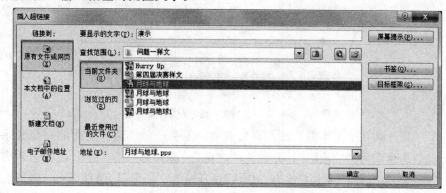

图 1-155　超链接　　　　　　　　图 1-156　插入超链接对话框

图 1-157　新建批注

14. HurryUp 幻灯片制作。新建一个 PowerPoint 空演示文稿，单击"开始"选项卡"幻灯片"组中的"版式"下的空白版式，将幻灯片设置为空白版式。右击幻灯片后在快捷菜单中选择"设置背景格式"命令，在如图 1-158 所示的"设置背景格式"对话框中选择"填充"下的"图片或纹理纯色填充"，然后单击"文件…"按钮选择"hurry.wmf"图片后关闭对话框。单击"插入"→"图片"→"剪贴画"，在如图 1-159 所示的剪贴画窗格中搜索齿轮，插入第二个齿轮剪贴画。

图 1-158　设置背景格式对话框

图 1-159　插入剪贴画

15. 画一个文本框，输入英文文字，复制一份，选择上面的一份文字，设置自定义动画的强调为"波浪形"，开始为"之前"。选择另一份文字，设置进入方式为"出现"，开始为"之后"，退出方式为"盒状"，开始为"之前"，保存为 pps 放映文件。双击该文件，在放映时按住键盘上的 Print Screen 键进行屏幕截图，粘贴到 Word 文档中相应的位置。选择文字"HurryUp. pps"，单击"插入"→"链接"→"超链接"，在如图 1-160 所示的"插入超链接"对话框中找到当前文件夹中的文件"HurryUp. pps"后确定。单击"审阅"→"批注"→"新建批注"，输入相应的批注文字。

图 1-160　插入超链接对话框

16. 目录的抽取。分别选择第 2 页的文字"描红本的制作"、第 4 页的文字"汇款单的制作"和第 6 页的文字"幻灯片介绍",单击"开始"选项卡"段落"组中右下角的对话框启动器,在如图 1-161 所示的"段落"对话框中设置大纲级别为 1 级。将光标定位到第 1 页的开头,单击"引用"→"目录"→"目录"→"插入目录",在如图 1-162 所示的"目录"对话框中设置显示级别为 1 级后确定。选择目录,单击"插入"→"文本"→"文本框"→"绘制竖排文本框"。选择文本框,设置行距为 2 倍行距,线条样式为无。若目录中的虚线太长,删除后重新输入。

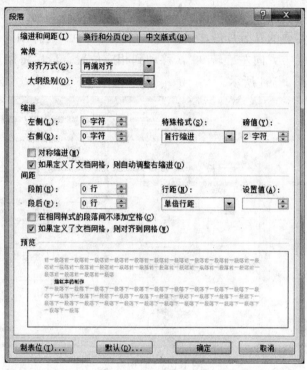

图 1-161　段落对话框－大纲级别设置

图 1-162　目录对话框

（二）问题二实训步骤

1. 制作主文档。新建一个 Word 文档，单击"页面布局"→"页面设置"→"纸张方向"→"横向"后确定。参照"听课证.pdf"，在相应位置插入一个文本框和一个 2 行 5 列的表格，输入文档中不变的内容。设置相应的字符格式和段落格式。单击"插入"→"表格"→"绘制表格"，在文档中间画一条直线。选择直线，单击"设计"→"绘图边框"→"虚线线型"，设置为相应的虚线。单击"Office 按钮"→"新建"，在如图 1-163 所示的"新建文档"对话框中选择"日历"命令，在右侧窗格选择年份，然后在出现的日历中选择你喜欢的一种，单击"下载"按钮，就会在当前文档中产生一个当年各月份的日历。选择需要的日历月份，截图后粘贴到文档中。选择图片，将图片的文字环绕设置为浮于文字上方，向左旋转 90°，移动到相应位置。最后将制作好的文档保存为"主文档"，样文如图 1-164 所示。

图 1-163   日历模板

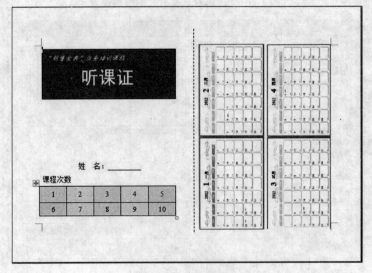

图 1-164   主文档样文

2. 制作数据源。打开"照片信息．txt"，复制内容，粘贴到新建的 Word 文档中，选择全部内容，单击"插入"→"表格"→"表格"→"文本转换为表格"，在如图 1-165 所示的"将文字转换成表格"对话框中单击"确定"即可。将表格中的所有对应照片插入到相应的单元格中并删除原有的图片文件名，保存为数据源。

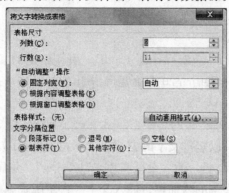

图 1-165　将文字转换成表格对话框

3. 邮件合并。打开主文档，选择"邮件"选项卡，邮件合并需要的功能都可以在该选项卡上找到。单击"开始邮件合并"组中的"选择收件人"命令，打开第二步制作的数据源文档后确定。将光标定位到要插入照片的位置，单击"编写和插入域"组中的"插入合并域"按钮，在列表中选择相应的域名（如照片），如图 1-166 所示。再将光标移动到要插入姓名的地方，同理插入姓名域。单击"预览结果"中的"预览结果"按钮，查看合并后的数据是否对应，格式是否和样文相同，若不同，此时可以调整位置、格式等。调整好后单击"完成"组中的"完成并合并"按钮，在出现的"合并到新文档"对话框中单击"确定"，产生一个"信函 1"的新文档，将此文件命名为题目要求的文档名，样文如图 1-167 所示。

图 1-166　插入合并域

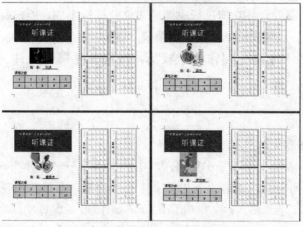

图 1- 167　合并后样文（部分）

Word 实训项目 B6

一、实训题目

（一）问题一

请参照样例文档"Office 决赛操作题 1. pdf"，利用给定的素材，完成下列操作任务，并将制作好的文档保存为"Office 2007 决赛操作题 1. docx"。（1~6 题每小题 8 分，第 7 小题 12 分。）

素材文件列表：51-1. jpg、51-2. jpg、51-3. jpg、51-4. jpg、51-5. gif。

1. 第 1 页为封面页，以竖排文字的方式显示标题"ITAT 决赛 Office 2007 操作题"，并插入自动生成的目录与页码，插入素材图片"51-1. jpg"，并显示制作者与制作时间。

2. 第 2 页为古籍版案例的封面页，插入文本"古籍版式制作"。

3. 利用素材图片"51-2. jpg"，在第 3 页制作一页古籍版式。并且为第 2、3 页添加页眉"古籍版式制作"。

4. 利用素材图片"51-3. jpg"、"51-4. jpg"在第 4 页制作发票案例的封面页，插入文本"外贸业务商业发票制作"。

5. 参照样例文件，在第 5 页设计商业发票单及其说明，其中英文字体为 Times New Roman。并且，为第 4、5 页添加页眉"商业发票制作"。

6. 第 6 页为幻灯片案例的制作页面，参照样例文件，在第 6 页插入幻灯片演示过程中的屏幕截图。并且，添加指向幻灯片演示文件的超链接，单击超链接可以进入相应的演示过程。同时，为超链接添加批注。

7. 为了配合第 6 页的文字说明，参照素材文件"鼠小弟. exe"的效果，制作"鼠小弟. ppt"幻灯片。（在幻灯片任何位置，每单击一次鼠标就会有一次"左耳听，右耳冒"的动画效果。）第 7 页使用 Word 绘图工具，按照样例，绘制"职工信息流程图"。

（二）问题二

制作某大学期未考试后的《成绩通知单》。

1. 利用 Word 邮件合并功能进行成绩通知单的批量生成，要求每张通知单上显示学生姓名和 3 科成绩。成绩表请见"期未成绩表. txt"。

2. 在成绩单的下半部分制作一个校历，格式参见样例文件"成绩通知单. pdf"设计。

二、实训步骤

（一）问题一实训步骤

1. 制作封面。新建一个 Word 文档，单击"插入"→"文本"→"艺术字"，在出现的"艺术字库"列表中选择第一个艺术字格式后确定，在接着出现的"编辑艺术字文字"对话框中输入文字"ITAT 决赛 Office 2007 操作题"，设置字体为黑体后确定。选择艺术字，单击"格式"→"艺术字样式"→"形状填充"，在出现的列表中选择填充颜色为黑色，无线条颜色。选择艺术字，单击"格式"→"排列"→"文字环绕"→"浮于文字上方"。选择艺术字，单击"格式"→"文字"→"艺术字竖排文字"，设置为竖排方向。将正在制作的文档和样文的显示比例调整为相同（如 50%），然后根据样文调整艺术字大小并移到合适的位置。

2. 插入封面图片，输入文字。单击"插入"→"插图"→"图片"，插入素材图片"51-1"。选择该图片，单击"格式"选项卡→"排列"→"文字环绕"→"浮于文字上方"，并将图片移到相应的位置。双击要输入内容的地方，输入参赛者与制作时间，设置相应的字符格式。目录最后一步来做。样文如图 1-168 所示。

图 1-168　封面样文

3. 古籍版式封面的制作。将光标定位在第 1 页的制作时间后面，单击"页面布局"→"页面设置"→"分隔符"，在下拉列表中选择"分节符"中的"下一页"后确定。在第 2 页中画一个矩形，设置形状填充为"靛蓝色"，形状轮廓为"无轮廓"。画 1 条长直线和 4 条短直线，设置形状轮廓为"白色"。按 Shift 键选择矩形和 5 条直线，单击"格式"→"排列"→"组合"→"组合"，将它们组合成一个整体，如图 1-169 所示。画一个矩形，设置形状填充为"白色"，形状轮廓为"无轮廓"。在其上画一个竖排文本框，输入文字"古籍版式制作"，设置相应的字符格式。单击"插入"→"页眉和页脚"→"页眉"，进入页眉和页脚状态。在页眉中，单击"设计"→"导航"→"链接到前一条页眉"，取消与前一条页眉的链接。输入相应的页眉文字，设置为右对齐。切换到页脚状态，单击"设计"→"页眉和页脚"→"页码"，在列表中选择"页面底端"下的"加粗显示的数字 1"格式，插入 X/Y 格式，如图 1-170 所示。保留 X 和 Y 并将其改为第 X 页共 Y 页的格式后关闭页眉和页脚状态。样文如图 1-171 所示。在该页的文字后面，单击"页面布局"→"页面设置"→"分隔符"，在下拉列表中选择"分页符"中的"分页符"后确定。在出现的页面中进行具体的古籍版式制作。

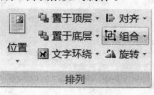

图 1-169　组合命令

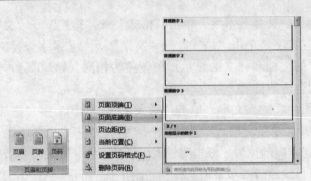

图 1-170 页脚设置

图 1-171 古籍版式封面

4. 古籍版式的制作。单击"插入"→"表格"→"表格",插入 1 行 5 列的表格,选择表格,将表格的所有线条颜色设置为红色并设置为相应的粗细,分别输入内容"①②③④"和"周南"二字。画一个竖排文本框,输入文字"关关雎鸠",设置为相应的字符格式,设置文本框的形状填充为"无填充颜色",形状轮廓为"无轮廓",并将文本框移动到文档中相应的位置。复制文本框 3 份,分别改为相应的诗句并移动到相应位置。插入图片"51-2",设置图片的文字环绕为衬于文字下方,如图 1-172 所示。单击"格式"→"调整"→"重新着色"→"颜色模式"→"冲蚀",如图 1-173 所示。右击在快捷菜单中选择"置于底层"的命令将之置于底层。在该页的下方输入注释文字并画一条直线。

图 1-172 图片文字环绕

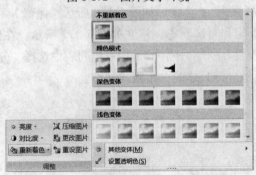

图 1-173 图片的冲蚀效果设置

5. 电子图章的制作。首先单击"插入"选项卡"插图"组中的"形状"下的椭圆，按住 Shift 键的同时拖动鼠标画一正圆。单击"格式"选项卡"形状样式"组中的形状填充设置为"无填充颜色"，形状轮廓为"红色"，如图 1-174 所示。同理画一五角星，形状填充颜色和形状轮廓颜色都设置为"红色"。插入艺术字"第五届全国 ITAT 教育工程就业技能大赛"，形状填充颜色和形状轮廓颜色都设置为"红色"，更改艺术字形状为"细环形"，如图 1-175 所示。将文字环绕都设置为"浮于文字上方"。按住 Shift 键的同时单击要组合的对象，单击"格式"选项卡"排列"组中的"组合"按钮下的"组合"命令，将各部分组合成一个整体，如图 1-176 所示，移动到文档中的相应位置，样文如图 1-177 所示。

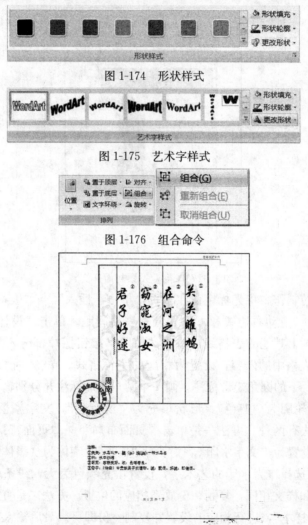

图 1-174   形状样式

图 1-175   艺术字样式

图 1-176   组合命令

图 1-177   古籍版式＋电子图章样文

6. 商业发票封面的制作。将光标定位在第 3 页的最后，单击"页面布局"→"页面设置"→"分隔符"，在下拉列表中选择"分节符"中的"下一页"后确定。在第 4 页中插入一个 1 行 1 列的表格，设置框线为蓝色的外粗内细的实线。画一个文本框，输入文字"外贸业务商业发票制作"，设置为相应的字符格式，设置文本框形状填充为"蓝色"，形状轮廓为"无轮廓"，将文本框移动到表格中。插入图片"51-4"，选择该图片，单击

"格式"→"调整"→"重新着色"→"颜色模式"→"冲蚀"。设置图片的文字环绕为浮于文字上方，移动到相应位置。插入图片"51-3"，单击"格式"→"调整"→"重新着色"→"设置透明色"，将"51-3"图片设置为透明色。设置图片的文字环绕为浮于文字上方，移动到相应位置。单击"插入"→"页眉和页脚"→"页眉"，进入页眉和页脚状态。在页眉中，单击"设计"→"导航"→"链接到前一条页眉"，取消与前一条页眉的链接。输入相应的页眉文字，设置为右对齐，关闭页眉和页脚对话框。样文如图 1-178 所示。在该页的文字后面，单击"页面布局"→"页面设置"→"分隔符"，在下拉列表中选择"分页符"中的"分页符"后确定。在出现的页面中进行商业发票的制作。

图 1-178   商业发票封面样文

7. 商业发票的制作。将光标定位在本页，单击"插入"→"表格"→"表格"，插入 5 行 2 列的表格。拖动右边线和下边线调整表格间距。单击"设计"→"绘图边框"→"绘制表格"，画上其他的表格线，单击"擦除"按钮擦掉部分不用的表格线，如图 1-179 所示。输入表格中的内容，设置为相应的字符格式。单击"插入"→"插图"→"形状"→"标注"下的圆角矩形标注，画 4 个圆角矩形标注并分别输入相应的文字，设置矩形标注的形状轮廓为"蓝色"，形状填充为"淡蓝色"，文字颜色为"白色"。制作"样本"二字的方法有两种。方法一是单击"页面布局"→"页面背景"→"水印"，在"水印"对话框中设置为"文字水印"，文字为"样本"，字体为"黑体"后确定，然后进入页眉页脚状态。选择作为水印的艺术字，设置填充颜色为无，线条颜色为粉红色，并旋转 90°，使水印和样文相同，复制一份放到相应的位置。方法二是直接进入页眉页脚状态，插入艺术字"样本"，进行相应的设置并复制一份即可。最后输入文字"商业发票样张"，样文如图 1-180 所示。

图 1-179   绘制表格和擦除按钮

图 1-180　商业发票样文

8. 幻灯片介绍的制作。将光标定位在商业发票样张的后面，插入"下一页"的分节符后确定。输入相应的文字并设置字符格式。"鼠小弟"幻灯片制作过程如下：打开 PowerPoint 软件，新建一个 PowerPoint 空演示文稿，单击"开始"→"幻灯片"→"版式"下的空白版式，将幻灯片设置为空白版式。右击幻灯片后在快捷菜单中选择"设置背景格式"命令，在如图 1-181 所示的"设置背景格式"对话框中选择"填充"下的"渐变填充"，设置方向为第一种，角度为 45°，颜色为样文中的蓝色后关闭。插入图片"51-5"并调整到相应的大小。单击"插入"→"文本"→"文本框"，插入一个横排文本框，输入文字"左耳听，右耳冒"，并设置相应的字符格式，居中对齐。单击"开始"选项卡"绘图"组中的星与旗帜下的十字星，在幻灯片右上角和右耳处各画一个十字星。

图 1-181　设置背景格式对话框－渐变填充

　　9．设置自定义动画。"左耳进"的效果设置是选择十字星，设置进入方式为"出现"，动作路径是"对角线向右上"，反转路径方向，强调为"放大/缩小"，尺寸为"50％"，退出为"消失"，开始都设置为"之前"。"右耳出"的效果设置是选择右耳处的十字星，设置进入方式为"出现"，动作路径为"对角线向右下"，反转路径方向，强调为"放大/缩小"，尺寸为"150％"，退出为"消失"，开始都设置为"之前"。选择文本框，设置强调方式为"陀螺旋"，开始设置为"之前"，数量为"360°顺时针"，速度为"慢速"。右击文本框，在快捷菜单中选择"效果选项"命令，在出现的如图 1-182 所示的对话框中设置效果标签为"自动翻转"。如图 1-183 所示的计时标签中设置重复为"直到幻灯片末尾"。单击"开始"选项卡"绘图"组中的矩形，在幻灯片上画一矩形，设置填充颜色为与背景填充相同的蓝色斜上的填充效果，置于底层。复制右上角和右耳处的十字星各一份，与原来的十字星重合。如图 1-184 所示设置触发器为单击矩形。将制作好的幻灯片保存为"鼠小弟.ppt"。然后在幻灯片放映过程中按住键盘上的 Print Screen 键进行屏幕截图，粘贴到 Word 的相应位置。选择文字"鼠标单击这里可以播放下面的PPT"，单击"插入"→"链接"→"超链接"，在"插入超链接"对话框中找到当前文件夹中的文件"鼠小弟.ppt"后确定。样文如图 1-185 所示。

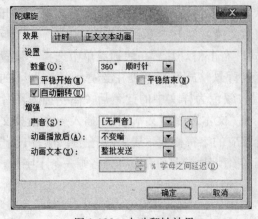

图 1-182　自动翻转效果

图 1-183　重复：直到幻灯片末尾

图 1-184　触发器　　　　　　　　　　　图 1-185　幻灯片介绍样文

10."职工信息流程图"的制作。将光标定位在上一页的最后，单击"页面布局"→"页面设置"→"分隔符"，在下拉列表中选择"分节符"中的"下一页"后确定。将光标定位在本页，单击"页面布局"→"页面设置"→"纸张方向"→"横向"，将该页面设置为横向，如图 1-186 所示。输入标题文字，画一个矩形，设置形状填充为"蓝色"。在其上画一个矩形，设置形状填充为"白色"。接下来在白色的矩形上选择相应的流程图自选图形，如图 1-187 所示设置相应颜色的填充效果，输入文字，画出连接符，完成流程图。样文如图 1-188 所示。

图 1-186　纸张横向设置

图 1-187　流程图按钮

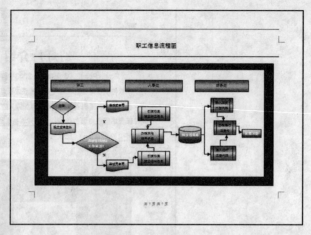

图 1-188 流程图样文

11. 目录的抽取。分别在第 2 页开头输入文字"古籍版式制作"、在第 4 页开头输入文字"外贸业务商业发票制作",设置为白色。选择第 2 页文字"古籍版式制作",单击"开始"选项卡"段落"组中右下角的对话框启动器,在"段落"对话框中设置大纲级别为 1 级,如图 1-189 所示。同理设置第 4 页文字"外贸业务商业发票制作"、第 6 页的文字"幻灯片介绍"和第 7 页文字"职工信息流程图"的大纲级别为 1 级。将光标定位到第 1 页的开头,单击"引用"→"目录"→"目录"→"插入目录",在如图 1-190 所示的"目录"对话框中设置显示级别为 1 级后确定。选择目录,单击"插入"→"文本"→"文本框"→"绘制竖排文本框"。选择文本框,设置行距为 2 倍行距,线条样式为无。若目录中的虚线太长,删除后重新输入。画一个矩形,填充颜色为灰色,置于底层,移动到目录下面。选择文本框,设置填充颜色为无,线条颜色为白色。最后保存为题目要求的文件名。目录样文如图 1-191 所示。

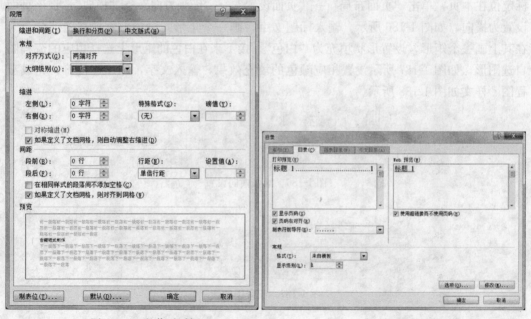

图 1-189 段落对话框   图 1-190 目录对话框

图 1-191 目录样文

（二）问题二实训步骤

1. 制作主文档。新建一个 Word 文档。参照"成绩通知单.pdf"，插入图片，输入文档中不变的内容，变化的内容如姓名和 3 门课程成绩留空白，并设置相应的字符格式和段落格式。单击"插入"→"插图"→"形状"→"直线"，在文档中间画一条直线。启动 Excel 2007 软件，参照"成绩通知单.pdf"制作校历。单击"开始"→"对齐方式"→"合并后居中"，合并相应的单元格，如图 1-192 所示。单击"开始"→"字体"→"下框线"→"绘制表格"，在文档中间画斜线。可以使用 Excel 的填充功能快速输入数字。完成后截屏，粘贴到 Word 文档中的相应位置。确认当前文档只有一页，最后将制作好的文档保存为"成绩通知单－主文档"。样文如图 1-193 所示。

图 1-192 合并后居中命令

图 1-193 成绩通知单－主文档样文

2. 制作数据源。打开"期末成绩单.txt"，复制内容，粘贴到新建的 Word 文档，删除标题。选择全部内容，单击"插入"→"表格"→"表格"→"文本转换为表格"，在

"将文字转换成表格"对话框中单击"确定"即可。保存为"成绩通知单-数据源"。数据源样文如图 1-194 所示。

姓名	高等数学	大学英语	计算机基础
王志平	88	94	90
吴晓辉	85	88	93
张竟	76	80	85

图 1-194 成绩通知单-数据源样文

3. 邮件合并。打开"成绩通知单-主文档",选择"邮件"选项卡,如图 1-195 所示,邮件合并需要的功能都可以在此选项卡上找到。单击"开始邮件合并"组中的"选择收件人"命令,打开第二步制作的"成绩通知单-数据源"文档后确定。将光标定位到要插入域(如姓名)的位置,单击"编写和插入域"组中的"插入合并域"按钮下的列表中选择相应的域名(如姓名)。再将光标移动到要插入姓名的地方,同理插入姓名域。单击"预览结果"中的"预览结果"按钮,查看合并后的数据是否对应,格式是否和样文相同,若不同,此时可以调整位置、格式等。调整好后单击"完成"组中的"完成并合并"按钮,在出现的"合并到新文档"对话框中单击"确定",产生一个"信函1"的新文档,将此文件命名为题目要求的文档名即可。邮件合并样文如图 1-196 所示。

图 1-195 邮件选项卡

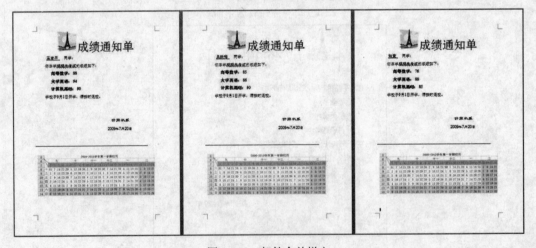

图 1-196 邮件合并样文

第二部分　Excel　实　训

Excel 实训项目 A1

一、实训题目

打开 A1 工作簿，完成下列操作：

1. 在 Sheet1 中制作如文件 A1-A 所示的表格，单位成本、合计、采购成本通过公式计算完成；

2. 在 Sheet2 工作表中进行操作，标签更名为“市场统计”，给表格添加框线；

3. 将 A 列数据字体设置为红色字体，A2 单元格设置为 45 度；

4. 将一季度中大于 10 的用黄色进行填充；

5. 将二季度中低于平均值的图案颜色设为红色，图案样式为 25%灰色；

6. 将三季度中重复的值设为蓝色填充；

7. 将三季度与四季度中数据不一致的设置图案颜色为黑色，图案样式为 50%灰色；

8. 将合计列利用自动求和功能求得各个产品的年度销售合计，设置蓝色数据条和三色交通灯图标集，并添加人民币符号，保留两位小数；

9. 将 G 列数据设置为中文大写数字；

10. 将 A1 到 G1 单元格合并后居中，单元格样式设置为强调文字颜色 1。

二、实训步骤

1. 将 A1:F1 合并后居中，输入文字“材料采购成本计算表”，设置字号为 16。同时合并 A2:A3 单元格，输入“成本项目”。合并 B2:C2，输入“甲材料（4000 千克）”。同理输入其余数据，注意浅色底纹部分数据不能输入，需通过公式计算。如图 2-1 所示。

	A	B	C	D	E	F
1	材料采购成本计算表					
2	成本项目	甲材料（4000千克）		乙材料（2000千克）		合计
3		总成本	单位成本	总成本	单位成本	
4	买价	39000	9.75	9700	4.85	48700
5	运费	1000	0.25	300	0.15	1300
6	采购成本	40000	10	10000	5	50000

图 2-1　输入数据的部分与公式部分

2. 在 C4 单元格输入公式计算单位成本：=B4/4000，拖动自动填充柄到 C5；E4 单元格输入公式计算单位成本：=D4/2000，拖动自动填充柄到 E5；在 F4 单元格中输入公式：=B4+D4，拖动自动填充柄到 F5。

3．在 B6 单元格中输入公式：=B4+B5，拖动自动填充柄到 F6。

4．选中 A2:F6，单击"边框"，选择"外边框"和"内部"，如图 2-2 所示。

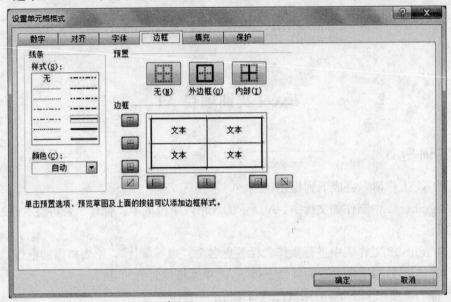

图 2-2　设置单元格格式-边框

5．单击"视图"，取消"网格线"。

6．右击 Sheet2 标签，重命名为"市场统计"。选中全部数据，右击，在"设置单元格格式"中选择边框，选中"外边框"和"内部"。

7．选中 A2:A13，单击"字体颜色"，选择红色。单击 A2 单元格，启动对齐方式启动器，方向调整为 45 度，如图 2-3 所示。

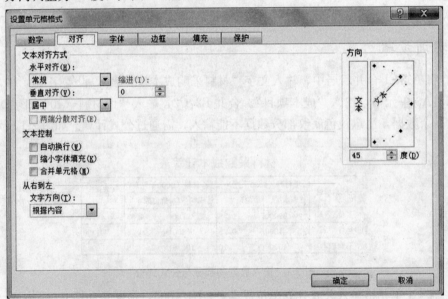

图 2-3　设置对齐方式-45 度

1．选中 B:B16，单击"条件格式"→"新建规则"→"只为包含以下内容的单元格设置格式",选择"大于"、"10",单击"格式",如图 2-4 所示。

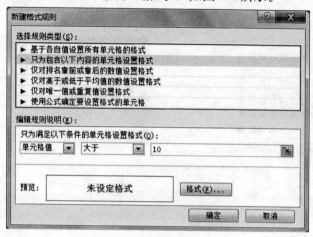

图 2-4 新建格式规则

9. 单击"填充"→"背景色",选择黄色,如图 2-5 所示。

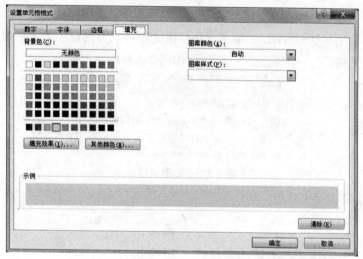

图 2-5 设置填充色

10. 选中 C3:C13,单击"条件格式"→"项目选取规则"→"低于平均值",然后单击"设置为"下拉列表框,选择"自定义格式…",如图 2-6 所示。

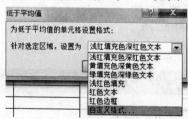

图 2-6 低于平均值对话框

11. 选择图案颜色为红色,图案样式为 25% 灰色,如图 2-7 所示。

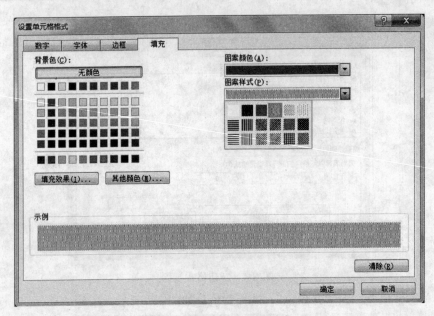

图 2-7　填充-图案色及样式

12. 选择第三季度 D3:D13，单击"条件格式"→"突出显示单元格规则"→"重复值"→"自定义格式"→"填充"→蓝色。如图 2-8 和图 2-9 所示。

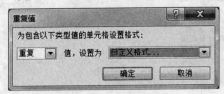

图 2-8　重复值对话框

图 2-9　填充-颜色

13. 选中 D3:E16，单击"条件格式"→"新建格式规则"→"使用公式确定要设置格式的单元格", 输入公式: $=\$D3<>\$E3$, 单击"格式", 如图 2-10 所示。

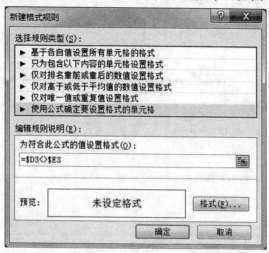

图 2-10　新建格式规则－使用公式

14. 选择图案颜色为黑色, 图案样式为 25％灰色, 单击确定, 如图 2-11 所示。

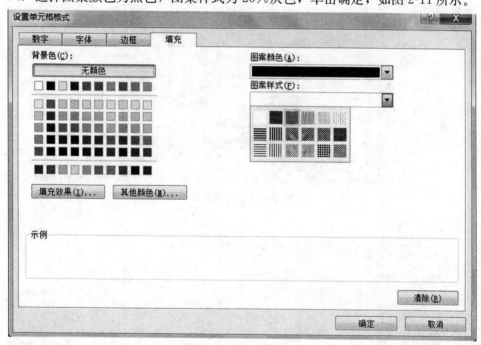

图 2-11　填充－图案

15. 选中 B3:F13, 单击求和 Σ。选中 F3:F13, 单击"条件格式"→"图标集"→"三色旗", 单击"会计数字格式"→ ¥中文(简体, 中国)。

16. 在 G3 中输入公式: $=F3*10000$, 双击自动填充柄进行填充, 选择 G3:G13, 单击"数字"→"特殊"→"中文大写数字", 如图 2-12 所示。

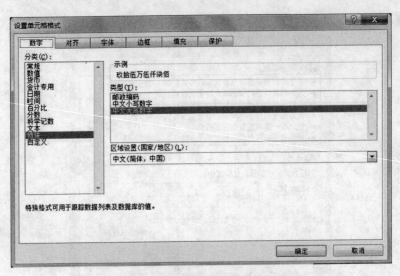

图 2-12 设置单元格格式

17. 选中 A1:G1，单击"合并后居中"，单击"单元格样式"→"强调文字颜色 1"，最后效果如图 2-13 所示。

	A	B	C	D	E	F	G
1				某类产品市场份额统计表（万元）			
2	品牌	一季度	二季度	三季度	四季度	合计	合计（大写数字）
3	可乐	20	23.01	26.28	26.28	¥ 95.57	玖拾伍万伍仟柒佰
4	雪碧	16.78	15.28	15.01	15.01	¥ 62.08	陆拾贰万零捌佰
5	橙汁	9.03	8.69	8.24	8.24	¥ 34.20	叁拾肆万贰仟
6	椰汁	8.7	8.79	8.31	8.31	¥ 34.11	叁拾肆万壹仟壹佰
7	汽水	6.4	6.1		6.41	¥ 25.32	贰拾伍万叁仟贰佰
8	红茶	3.1	3.39		6.41	¥ 16.31	壹拾陆万叁仟壹佰
9	绿茶	2.24	2.5	2.19	2.19	¥ 9.12	玖万壹仟贰佰
10	果汁	7.93	7.56	7.06	37.08	¥ 59.65	伍拾玖万陆仟伍佰
11	酸奶	8.49	8.07	8.37	8.37	¥ 33.30	叁拾叁万叁仟
12	露露	4.22	3.65	4.01	4.01	¥ 15.89	壹拾伍万捌仟玖佰
13	咖啡	13.11	12.96	10.69	10.69	¥ 47.45	肆拾柒万肆仟伍佰

图 2-13 最后效果图

Excel 实训项目 A2

一、实训题目

打开 A2 工作簿，完成下列操作。

1. 在 Sheet1 中制作如图 A2-A 所示的表格，金额、合计、人民币（大写）用公式计算完成；

2. 在 Sheet2 中给所有数据区加框线；

3. 将第一行数据设置为宋体，16 号，加粗，红色；

4. 按车间升序排序；

5. 为 1 月数据应用条件格式中的橙色数据条；

6. 为 2 月数据应用条件格式中的红黄绿色阶；

7. 为 3 月数据应用条件格式中的三色交通灯（有边框）；

8. 为 4 月到 12 月数据应用条件格式为找出值最大的 10 项，并设置格式字体为加粗，黄色底纹；

9. 给全年合计数据应用条件格式中的数据条。数据条颜色设为紫色，最终效果如图 A2-B 所示。

二、实训步骤

1. 本题考核的技能点：合并后居中、下划线、公式计算、数字小写转换为大写、加边框、取消网格线。

2. 选择所有数据，单击"单元格格式"→"边框"。

3. 选中 A1:Q1，设置字体为宋体，16 号，加粗，红色。

4. 单击 D1，单击"排序和筛选"，选择"升序"。

5. 选中 1 月数据 E2:E36，单击"条件格式"→"数据条"→"橙色数据条"。

6. 选中 2 月数据 F2:F36，单击"条件格式"→"色阶"→"红黄绿色阶"。

7. 选中 3 月数据 G2:G36，单击"条件格式"→"图标集"→"三色交通灯（有边框）"。

8. 选中 4 月到 12 月数据 H2:P36，单击"条件格式"→"项目选取规则"→"值最大的 10 项"→"自定义格式"→"字体"→加粗→"填充"→黄色。

9. 选中全年合计 Q2:Q36，单击"条件格式"→"数据条"→"紫色数据条"。最后效果如图 2-14 所示。

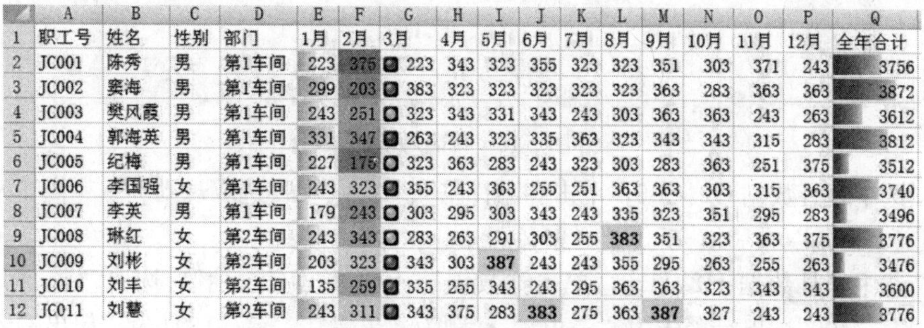

	A	B	C	D	E	F	G	H	I	J	K	L	M	N	O	P	Q
1	职工号	姓名	性别	部门	1月	2月	3月	4月	5月	6月	7月	8月	9月	10月	11月	12月	全年合计
2	JC001	陈秀	男	第1车间	223	375	223	343	323	355	323	323	351	303	371	243	3756
3	JC002	窦海	男	第1车间	299	203	383	323	323	323	323	323	363	283	363	363	3872
4	JC003	樊风霞	男	第1车间	243	251	323	343	331	343	243	303	363	363	243	263	3612
5	JC004	郭海英	男	第1车间	331	347	263	243	323	335	363	323	343	343	315	283	3812
6	JC005	纪梅	男	第1车间	227	175	323	363	283	243	323	303	283	363	251	375	3512
7	JC006	李国强	女	第1车间	243	323	355	243	363	255	251	363	363	303	315	363	3740
8	JC007	李英	男	第1车间	179	243	303	295	303	343	243	335	323	351	295	283	3496
9	JC008	琳红	女	第2车间	243	343	283	263	291	303	255	383	323	363	375	243	3776
10	JC009	刘彬	女	第2车间	203	323	343	303	387	243	243	355	295	263	255	263	3476
11	JC010	刘丰	女	第2车间	135	259	335	255	343	243	295	363	363	323	343	343	3600
12	JC011	刘慧	女	第2车间	243	311	343	375	283	383	275	363	387	327	243	243	3776

图 2-14　最后效果图

Excel 实训项目 A3

一、实训题目

打开 A3 工作簿，完成下列操作。

1. 在 Sheet2 中为所有数据加框线。

2. 多字段排序：A 列职工号数据按单元格颜色排序，黄色在顶端；C 列性别按数值升序排序。

3. 为 3 月应用条件格式，将高于平均值的用紫色底纹填充。

4. 为 4 月数据设置数据有效性：输入范围为 0～400，出错警告为样式中的停止，标题为"出错！"，错误信息为"超出输入范围，禁止输入！"。

5. 为 6 月数据应用条件格式中的"四向箭头 彩色"。

6. 为 7 月数据应用单元格样式"60％－强调文字颜色 3"。

7. 为 8 月份数据加双下划线，最终效果如图 A3-B 所示。

8. 将所有数据选择性粘贴数值到 Sheet3 中。

9. 按部门升序排序。

10. 按部门分类汇总全年合计的和，效果如图 A3-C 所示。

二、实训步骤

1. 选中全数据，右击，单击"设置单元格格式"→"外边框"→"内部"。

2. 单击"排序和筛选"→"自定义排序"。主要关键字为职工号，排序依据为单元格颜色，次序为黄色，在顶端。单击"添加条件"，次关键字为性别，排序依据为数值，次序为升序，单击"确定"，如图 2-15 所示。

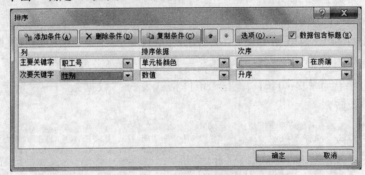

图 2-15　排序对话框

3. 选中 3 月数据 G2：G36，单击"条件格式"→"项目选取规则"→"高于平均值"→"自定义格式"→"填充"，选择紫色。

4. 选中 4 月数据 H2：H36，单击"数据"→"数据有效性"，选取"整数"，"介于"，"0"，"400"；出错警告为"停止"，标题为"出错！"，错误信息为"超出输入范围，禁止输入！"。如图 2-16 和图 2-17 所示。

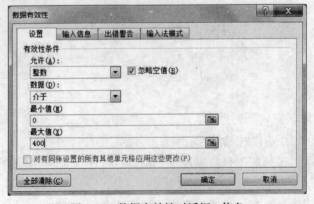

图 2-16　数据在效性对话框－信息

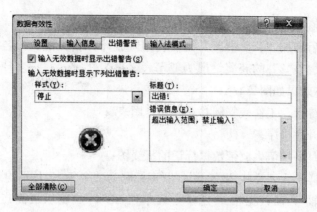

图 2-17　数据有效性-出错警告

5. 选中 6 月数据 J2：J36，单击"条件格式"→"图标集"→"四向箭头　彩色"。

6. 选中 7 月数据 K2：K36，单击，选择"单元格样式""60％-强调文字颜色 3"。

7. 选中 8 月数据 L2：L36，单击下划线按钮 Ｕ 右侧的下拉箭头，选择双下划线 Ｄ 双下划线(D)。

8. 选中全部数据，复制，切换到 Sheet3，单击"粘贴"下方的箭头，单击"选择性粘贴"→"数值"→"确定"。

9. 单击部门中的任一单元格，单击"排序和筛选"→"升序"。

10. 单击"数据"→"分类汇总"，分类字段为部门，汇总方式为求和，选定汇总项为全年合计，单击"确定"，如图 2-18 所示。

图 2-18　分类汇总对话框

Excel 实训项目 A4

一、实训题目

打开 A4 工作簿，完成下列操作。

1. 将 Sheet1 工作表更名为"月份统计"；

2. 利用函数计算每位员工的全年合计和月平均值（小数位数为 2 位）；

3. 按月平均值降序排序，填入名次（"1"、"2"、"3"）；

4. 在名次列后增加"获奖情况"列，利用函数计算获奖情况，名次为"1"的获奖情况为冠军，名次为"2"的获奖情况为亚军，名次为"3"的获奖情况为季军，其余的均为优秀奖，最终效果如图 A4-A；

5. 将"月份统计"工作表复制并更名为"图表"；

6. 按职工号升序排序；

7. 用姓名和月平均值生成带数据标记的折线图；

8. 更改图表样式为"样式 28"，添加图表标题为"全年 12 月平均值"；

9. 将纵坐标轴 y 轴数据格式更改为最小值 280，并显示最高点和最低点的数据标签；

10. 将横坐标轴 x 轴数据文字方向更改为竖排显示，最终效果如图 A4-B；

11. 将"月份统计"工作表中的 A 列、B 列、C 列、D 列数据复制到"全年统计"工作表中；

12. 在"全年统计"工作表中汇总全年合计、全年最高值、全年最低值，效果如图 A4-C 所示；

13. 按全年汇总各个车间的总产量，最终效果如图 A4-D。

二、实训步骤

1. 右击 Sheet1，选择"重命名"，输入"月份统计"。

2. 全年合计 Q2 公式：=SUM（E2：P2）；月平均值公式：=AVERAGE（E2：P2），都保留 2 位小数。

3. 单击月平均值任一单元格，单击"排序和筛选"→"降序"。在 S2 中输入公式：= RANK（R2，＄R＄2：＄R＄36），拖动自动填充柄计算名次。

4. 在 I1 中输入"获奖情况"，在 I2 中输入公式：=IF（S2=1," 冠军"，IF（S2=2," 亚军"，IF（S2=3," 季军"," 优秀"）)），双击或拖动自动填充柄实现数据填充。效果如图 2-19 所示，隐藏了部分行。

	C	D	E	F	G	H	I	J	K	L	M	N	O	P	Q	R	S	T
1	性别	部门	1月	2月	3月	4月	5月	6月	7月	8月	9月	10月	11月	12月	全年合计	月平均值	名次	获奖情况
2	男	第3车间	303	339	375	243	343	323	243	371	363	371	363	343	3980	331.67	1	冠军
3	女	第3车间	251	303	243	379	383	355	343	335	303	363	351	343	3952	329.33	2	亚军
4	女	第3车间	251	351	351	355	343	303	323	343	391	315	295	323	3944	328.67	3	季军
5	女	第4车间	319	331	343	363	271	323	323	283	363	343	371	303	3936	328.00	4	优秀
6	女	第3车间	307	331	363	335	363	243	323	363	315	263	315	363	3884	323.67	5	优秀
33	男	第1车间	227	175	323	363	283	243	323	303	283	363	251	375	3512	292.67	32	优秀
34	男	第1车间	179	243	303	295	303	343	243	335	323	351	295	283	3496	291.33	33	优秀
35	女	第2车间	203	323	343	303	387	243	243	355	295	263	255	263	3476	289.67	34	优秀
36	女	第2车间	243	315	343	323	263	243	255	295	343	255	323		3444	287.00	35	优秀

图 2-19　数据表效果图

5. 将全部数据选中，复制，添加一个新表，粘贴。右击表标签，重命名为"图表"。

6. 单击职工号列中的任意单元格，单击"排序和筛选"→"升序"。

7. 选中姓名、月平均值两列，注意使用 Ctrl 键。单击"插入"→"折线图"→"带数据标记的折线图"，折线效果如图 2-20 所示。

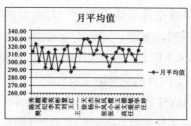

图 2-20　折线效果图

8. 单击"图表工具"→"设计"→"图表样式"→"样式 28"。单击标题，修改为"全年 12 月平均值"，如图 2-21 所示。

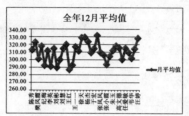

图 2-21　图表样式 28 效果

9. 单击"布局"→"当前所选内容"→"图表元素"→"垂直（值）轴"→"设置所选内容格式"，更改最小值为固定，输入 280。单击最高点，再单击一次，只选中最高点，右击"添加数据标签"。最低点同理设置。如图 2-22 和图 2-23 所示。

图 2-22　设置坐标轴格式

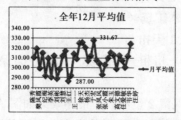

图 2-23　添加最高点和最低点标签

10．右击 x 轴，单击"设置坐标轴格式"→"对齐方式"，"文字方向"选择竖排。

11．选择 A、B、C、D 四列，复制，切换到全年统计表，粘贴。

12．单击 E2，输入公式"SUM"后单击"月份统计"，选择数据区域 E2:P2，直接回车，光标回到全年统计表中，双击 E2 的自动填充柄可求出全年合计，同理，单击 F2，输入公式＝"MAX"（后单击"月份统计"，选择数据区域 E2:P2，直接回车可求出全年最高值，双击自动填充柄或拖动可求出所有人的全年最高值。同理可求出全年最低值。

13．单击"部门"列中的任意一个单元格，单击"排序和筛选"→"升序"，再单击"数据"→"分类汇总"。分类字段选择"部门"，汇总方式选择"求和"，选定汇总项选择"全年合计"，如图 2-24 所示。

图 2-24　分类汇总对话框

Excel 实训项目 A5

一、实训题目

打开 A5 工作簿，完成下列操作。

1．将 Sheet1 工作表更名为"工资统计"。

2．通过公式计算每位员工的基本工资，计算标准为："高级工程师"，8000；"工程师"，5000；"助理工程师"，3000。

3．计算每位员工的工资项。

（1）应发合计＝基本工资＋绩效工资＋生活补贴。

（2）代扣社会保险＝基本工资 $*8\%$。

（3）代扣住房公积金＝基本工资 $*6\%$。

（4）代扣其他为：每旷工 1 天扣 20。

（5）实发合计＝应发合计－房租－水电费－代扣社会保险－代扣住房公积金－代扣其他。

4．应发合计与实发合计保留 2 位小数，最终效果如图 A5-A。

5．将"工资统计"工作表复制，并更名为"分类汇总"，按部门对实发合计汇总求和，效果如图 A5-B 所示。

6. 将 Sheet2 更名为"数据透视表"，根据"工资统计"工作表所给数据，在新工作表中插入数据透视表，将"部门"作为报表筛选，"性别"作为列标签，"职称"作为行标签，对"实发合计"进行求和。

7. 根据数据透视表生成数据透视图，效果如图 A5-C 所示。

8. 增加一个新的工作表"部门人数统计"，计算每个部门的员工人数，效果如图 A5-D 所示。

二、实训步骤

1. 右击 Sheet1 标签，重命名为"工资统计"。

2. 在 F2 单元格中输入公式：＝IF（D2＝"高级工程师"，8000，IF（D2＝"工程师"，5000，IF（D2＝"助理工程师"，3000)))。拖动自动填充柄进行数据填充。

3. 在 I2 中输入公式：＝F2＋G2＋H2，双击自动填充柄进行填充。

4. 在 M2 中输入公式：＝F2＊0.08，并进行填充。

5. 在 N2 中输入公式：＝F2＊0.06，并进行填充。

6. 在 O2 中输入公式：＝L2＊20，并进行填充。

7. 在 P2 中输入公式：＝I2－J2－K2－M2－N2－O2，并进行填充。

8. 选择应发合计与实发合计中的数据，单击"增加小数位数" 两次，效果如图 2-25 所示。

	姓名	性别	职称	部门	基本工资	绩效工资	生活补贴	应发合计	病假	水电费	旷工天数	代扣社会保险	代扣住房公积金	代扣其它	实发合计
2	王一一	男	工程师	工程部	5000	682	50	5732.00	8	4	0	400	300	0	5020.00
3	高文德	女	高级工程	设计部	8000	1338.51	66	9404.51	17.9	10	1	640	480	20	8236.62
4	陈秀	女	助理工程	管理部	3000	535.36	50	3585.36	2.5	8.74	3	240	180	60	3094.12
5	王小荣	男	助理工程	设计部	3000	412.5	50	3462.50	2.5	0	4	240	180	80	2960.00
6	张培培	女	工程师	工程部	5000	1105.8	58	6163.80	17	0	1	400	300	20	5426.80
7	樊凤霞	女	高级工程	设计部	8000	1056	50	9106.00	28	9	0	640	480	0	7949.00
8	纪梅	女	工程师	工程部	5000	913.67	50	5963.67	11	6	0	400	300	0	5246.67

图 2-25　数据表效果图

9. 选中全部数据，复制，切换到分类汇总表，粘贴。单击部门列中的任意一个单元格，单击"排序和筛选"→"升序"。单击"数据"→"分类汇总"，分类字段为部门，汇总方式为"求和"，选定汇总项为"实发合计"。如图 2-26 和 2-27 所示

图 2-26　分类汇总对话框

部门	基绌生应房才旷代代代									实发合计
工程部　汇总										41224.19
管理部　汇总										38446.26
设计部　汇总										40279.33
总计										119949.78

图 2-27　分类汇总效果图

10. 右击 Sheet2，重命名为"数据透视表"，然后切换到工资统计表，单击"插入"→"数据透视表"→"数据透视表"，将"部门"拖动到"报表筛选"，将"性别"拖动到"列标签"，将"职称"拖动到"行标签"，将"实发合计"拖动到"数值"，如图 2-28 所示。

图 2-28　数据透视表设计及结果

11. 在数据透视表中，单击"全部"右侧的下拉按钮，选择"工程部"→"确定"，如图 2-29 和图 2-30 所示。单击"数据透视表工具"→"数据透视图"→"插入图表"→"柱形图"→"簇状圆柱图"，如图 2-31 所示。

图 2-29　选择工程部

	A	B	C	D
1	部门	工程部		
2				
3	求和项:实发合计	性别		
4	职称	男	女	总计
5	工程师	10632	22384.94	33016.94
6	助理工程师	3949.25	4258	8207.25
7	总计	14581.25	26642.94	41224.19

图 2-30　选择工程部效果

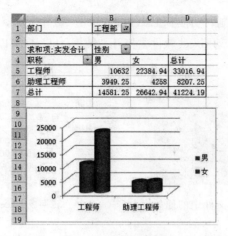

图 2-31　数据透视图

12. 插入一个工作表，重命名为"部门人数统计"，将"工资统计"表中的数据复制到此表，单击部门列中的任意单元格，单击"排序和筛选"→"升序"，单击"数据"→"分类汇总"。分类字段为"部门"，汇总方式为"计数"，选定汇总项为"职工号"，单击"确定"，如图 2-32 所示。

图 2-32　分类汇总对话框

Excel 实训项目 B1

二、实训题目 1

打开"工资表"文件夹中的图片和数据，参照"工资表.gif"，使用 Excel 绘制表格，并参考"工资表.gif"中提示的算法，使用 Excel 计算功能，计算"业务提成"和"合计"两个数值。参照"工资柱形图表.gif"，利用做好的工资表绘制"金城科技公司业务员工资图表"三维柱形图。

相关知识点：公式、边框、背景、作图、对图表的设置。

（一）数据表实训步骤

1. 此题所提供的数据为文本文件，双击"数据.txt"打开文本文件，选定全部数据

（效果如图 2-33 所示），复制，切换到 Excel 中，单击 A3 单元格，进行粘贴即可（效果如图 2-34 所示）。也可以通过启动 Excel 软件去打开"数据.txt"也可以导入"数据.txt"。

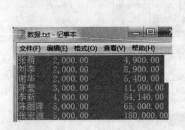

	A	B	C
1			
2			
3	张萌	2,000.00	4,900.00
4	刘李	2,000.00	8,900.00
5	谢华	2,000.00	5,400.00
6	陈莹	3,000.00	11,900.00
7	李新	4,000.00	54,140.00
8	陈丽萍	5,000.00	65,000.00
9	张宏波	5,000.00	180,000.00

图 2-33　文本文件中的原始　　　2-34　转换成 Excel 后的数据
　　　数据图

2. 在第二行输入标题"姓名"、"基本工资"、"完成业务"、"业务提成"、"合计"。

3. 在 A11、A12、A13 单元格中分别输入"计算方法"、"提成方式"等。

4. 选中第一行的 A1:E1 单元格，单击工具"合并并居中"→⊞，输入"金城科技公司业务员工资表"。

5. 在 D3 单元格中，输入公式：= C3 * 0.05，然后双击自动填充柄完成业务提成的计算。

6. 在 E4 单元格中输入公式：=B3+D3，然后双击自动填充柄完成合计的计算。

7. 将业务提成部分的 D3:D9 选中，单击工具千位分隔样式,。

8. 单击"视图"，不选中"网格线"，删除网格线。合并单元格 A10:E10、A11:E11、A12:E12、A13:E13，并输入"计算方法"、"提成方式"、"合计"。

9. 选中整个表格，右击"单元格格式"→"边框"，线条选择样式右边的第 5 个，然后单击"外边框"，再选择线条样式左边的最后一个，单击"内部"，如图 2-35 所示。注意外框为粗线，内部为细线。

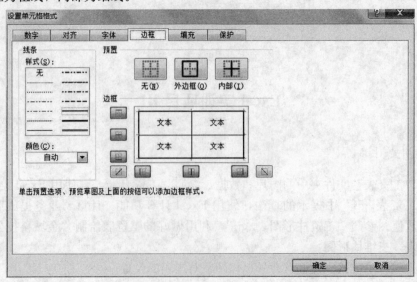

图 2-35　单元格格式对话框

10. 选中 A10:E13，右击，单击"单元格格式"→"边框"，删除中间的竖线，删除中间的水平线，单击"确定"，如图 2-36 所示。

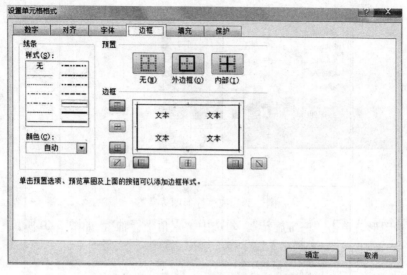

图 2-36　删除竖线和水平线后的效果图

11．添加背景。单击"页面布局"→"背景"→"image.gif"即可。完成的效果如图 2-37 所示。

	金城科技公司业务员工资表			
姓名	基本工资	完成业务	业务提成	合计
张萌	2,000.00	4,900.00	245.00	2,245.00
刘李	2,000.00	8,900.00	445.00	2,445.00
谢华	2,000.00	5,400.00	270.00	2,270.00
陈莹	3,000.00	11,900.00	595.00	3,595.00
李新	4,000.00	54,140.00	2,707.00	6,707.00
陈丽萍	5,000.00	65,000.00	3,250.00	8,250.00
张宏波	5,000.00	180,000.00	9,000.00	14,000.00
计算方法：				
提成方式：完成业务*5%				
合　计：基本工资+业务提成				

图 2-37　完成后的效果图

（二）作图实训步骤（作图要求的效果样式如图 2-38 所示）

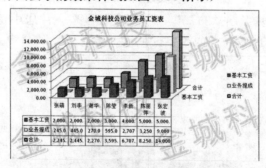

图 2-38　作图要求的效果样式

1．选中"姓名"、"基本工资"、"业务提成"、"合计"4 列数据，注意使用 Ctrl+拖动。

2．单击"插入"→"柱形图"，图表类型选择"柱形图"→"三维柱形图" 。三维柱形图效果如图 2-39 所示。

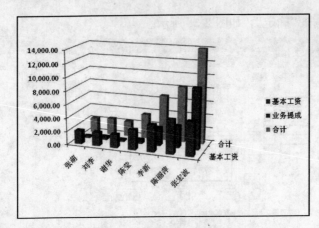

图 2-39 三维柱形图效果图

3. 右击图形，单击"三维旋转"。勾选中"直角坐标轴"，如图 2-40 所。

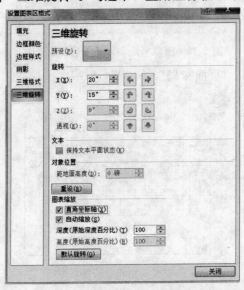

图 2-40 设置图表区格式对话框

4. 单击"图表工具"→"布局"→"图表标题"→"居中覆盖标题"，输入标题
"金城科技公司业务员工资图"，如图 2-41 所示。

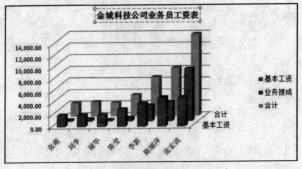

2-41 添加标题后的效果图

5. 单击"图表工具"→"布局"→"数据表"→"显示数据表"，如图 2-42 所示。

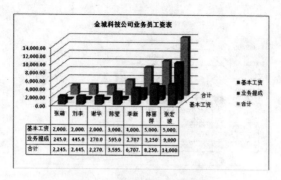

图 2-42　图表－显示数据表

6. 添加背景。右击，单击"设置图表区格式"→"填充"→"图片或纹理填充"→"文件"→"image.gif"，勾选"将图片平铺为纹理"，单击"关闭"，如图 2-43 所示。

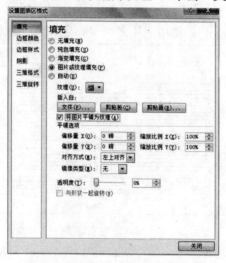

图 2-43　设置图表区格式－填充－图片

7. 单击业务提成图表部分，右击，单击"设置数据系列格式"→"填充"→"纯色填充"，如图 2-44 所示。还要增加边框颜色，选择深蓝色即可，如图 2-45 所示。

图 2-44　数据系列格式对话框

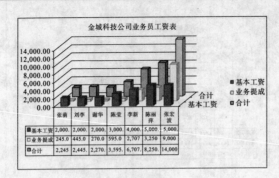

图 2-45   最后图表效果

8. 同理改变合计的颜色。

二、实训题目 2

参照"五线谱（中）. gif"，使用图片素材"img. gif"，绘制表格，如图 2-46 所示。

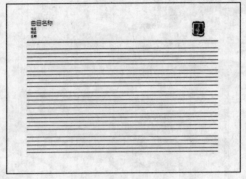

图 2-46   要求样式

实训步骤：

1. 单击"页面布局"→"纸张方向"→"纵向"。

2. 单击"页面布局"→"页边距"→"自定义页边距"→"居中方式"，选择水平，如图 2-47 所示。

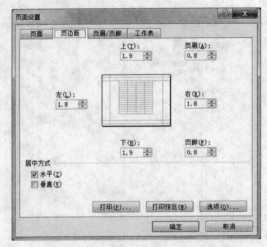

图 2-47   页面设置对话框－水平居中

3. 将网格线去掉。单击"视图","网格线"不勾选,如图 2-48 所示。

图 2-48　选项对话框－去网格线

4. 选中 A5:N5 区域,设置边框线,最下面的线为蓝色、粗实线,如图 2-49 所示。

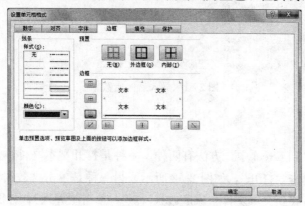

图 2-49　单元格格式－设置蓝色的线

5. 选中 A8:N11 四行,设置水平线,确定,如图 2-50 所示。

图 2-50　单元格格式对话框

6. 将此四行选中,复制,然后隔两行,进行粘贴以下的五线都按相同的方式进行即可。

7. 单击"插入图片"→"来自文件",选中文件"img. gif",调整其位置。

Excel 实训项目 B2

一、实训题目

使用 Excel 素材文件夹中中"家庭收入"文件中所提供的数据,如图 2-51 所示,对照"家庭收入统计表"的格式,完成表格的绘制。然后使用 Excel 的相应函数和表格中给出的数据，统计出"家庭收入统计表"下方的各项数据；使用 Excel 的插入图表功能，插入能够反映李强和章晓丽两人月薪变化的折线图和反映家庭各项收入占家庭总收入的饼图。

	A	B	C	D	E	F	G
1	李强月薪	章晓丽月薪	李强额外收入	备注	章晓丽额外收入	备注	家庭投资收入
2	3,500	2,980					
3	3,890	3,010					
4	4,309	3,200	4,000	出差补贴			
5	3,340	2,890	1,000				
6	4,340	2,980					
7	3,480	2,980	300	防暑降温费	200	防暑降温费	
8	4,360	3,300	300	防暑降温费	200	防暑降温费	
9	3,890	2,790	300	防暑降温费	200	防暑降温费	
10	3,650	2,950	408.98				
11	4,300	3,010					
12	3,570	3,000					
13	4,480	3,500	10,000	年终奖	6,000	年终奖	

图 2-51 导入后原始数据

二、实训步骤

1. 将文本导入到 Excel 中，方法有两种。一种是打开文本文件，注意文件类型要选择"所有文件"，单击"打开"，如图 2-52 所示。另一种是单击"数据"→"获取外部数据"→"自文本"，找到文本文件"家庭收入.txt"，单击"导入"，如图 2-53 所示。

图 2-52 打开文本文件对话框

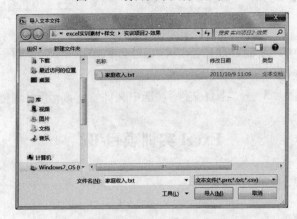

图 2-53 导入文本文件对话框

2. 单击"下一步"，选中"空格"，再单击"下一步"，如图 2-54 所示。

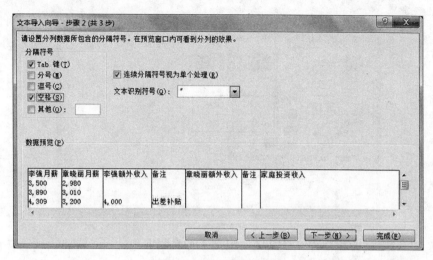

图 2-54   文本导入向导

3. 导入数据之后，1000、408.98 有两个数据位置，移动数据即可，如图 2-55 所示。

	A	B	C	D	E	F	G
1	李强月薪	章晓丽月薪	李强额外收入	备注	章晓丽额外收入	备注	家庭投资收入
2	3,500	2,980					
3	3,890	3,010					
4	4,309	3,200	4,000	出差补贴			
5	3,340	2,890			1,000		
6	4,340	2,980					
7	3,480	2,980	300	防暑降温费	200	防暑降温费	
8	4,360	3,300	300	防暑降温费	200	防暑降温费	
9	3,890	2,790	300	防暑降温费	200	防暑降温费	
10	3,650	2,950					408.98
11	4,300	3,010					
12	3,570	3,000					
13	4,480	3,500	10,000	年终奖	6,000	年终奖	
14							

图 2-55   数据导入后效果

4. 单击 A 列任意单元格，单击"开始"→"插入"→"工作表列"，输入月份，"1"、"2"，……"最高"、"最低"……

5. 在前面插入一空行，并合并居中，输入"李强、章晓丽 2004 年家庭收入统计表"。

6. 合并 A19：B19 单元格，输入"家庭总收入"。

7. 在 B15 中输入公式：＝MAX（B3：B14）。

8. 在 B16 中输入公式：＝MIN（B3：B14）。

9. 在 B17 中输入公式：＝AVERAGE（B3：B14）。

10. 在 B18 中输入公式：＝SUM（B3：B14）。

11. 拖动 B15 的自动填充柄到 H15，求最高。

12. 拖动 B16 的自动填充柄到 H16，求最低。

13. 拖动 B17 的自动填充柄到 H17，求平均。

14. 拖动 B18 的自动填充柄到 H18，求总计。

15. 在 C18 中输入公式：＝B17＋C17＋D17＋F17＋H17，求家庭总收入。选择 E15：E18，删除其中的数据，选择 G15：G18，删除其中的数据。

16. 加边框，注意外框为粗实线，中间为细实线，如图 2-56 所示。

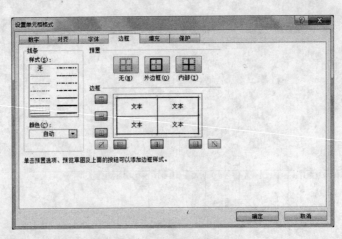

图 2-56 加边框后的效果图

17. 选中 E3:E18，填充颜色为黄色 。

18. 再去掉横线，选中 E3:E19，单击"对齐"→"边框"，单击左边中间的线即可去掉横线，如图 2-57 所示。同理可做出后面的两个备注的效果，如图 2-58 所示。

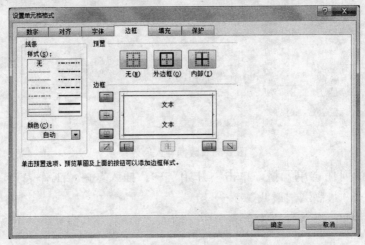

图 2-57 单元格格式对话框（左边有横线，右边无横线）

	A	B	C	D	E	F	G	H	I
1				李强、章晓丽2004年家庭收入统计表					
2	月分	李强月薪	章晓丽月薪	李强额外收入	备注	章晓丽额外收入	备注	家庭投资收入	备注
3	1	3,500	2,980						
4	2	3,890	3,010						
5	3	4,309	3,200	4,000	出差补贴				
6	4	3,340	2,890			1,000			
7	5	4,340	2,980						
8	6	3,480	2,980	300	防暑降温费	200	防暑降温费		
9	7	4,360	3,300	300	防暑降温费	200	防暑降温费		
10	8	3,890	2,790	300	防暑降温费	200	防暑降温费		
11	9	3,650	2,950					408.98	存款利息
12	10	4,300	3,010						
13	11	3,570	3,000						
14	12	4,480	3,500	10,000	年终奖	6,000	年终奖		
15	最高	4,480.00	3,500.00	10,000.00		6,000.00		408.98	
16	最低	3,340.00	2,790.00	300.00		200.00		408.98	
17	平均	3,925.75	3,049.17	2,980.00		1,520.00		408.98	
18	总计	47,109.00	36,590.00	14,900.00		7,600.00		408.98	
19	家庭总收入		106,607.98						

图 2-58 完成后的效果图

Excel 实训项目 B3

一、实训题目

打开 Excel 素材文件夹中"固定贷款利率的等额分期还款计算器.xls"并分析该表格所提供的计算功能，注意各项金额之间的计算关系。使用 Excel 提供的函数、条件格式等工具，自行设计一个具有与该计算器相同功能的工作表。

1. 要求：

(1) 在蓝色区域内未输入全部数据前，下方所有的计算表格内不得显示任何数值。

(2) 注意在输入数据的过程中，输入不同的数据后月还贷明细的变化。

(3) 注意在不同的贷款年限下，还贷明细的变化。

(4) 对于蓝色区域的单元格，使用合理的工具提醒用户注意所输入数据的格式和要求。

(5) 题目所提供的表格样式仅供参考，考生可自行设置表格的样式，但必须实现该表格所具备的全部功能。

(6) 表格中红色的使用说明仅用于提示考生该计算器的使用方法，参赛者在比赛中无需制作该部分内容。

2. 提示：

(1) 期初金额为本期还款前剩余的本金金额，第一期的期初金额即为贷款总额。

(2) 期末金额为本期还款后剩余的本金金额。

(3) 利息总计即为各期所支付贷款利息之和。

(4) 本期偿还利息为本期期初金额与月利率的乘积。

(5) 月还贷金额即在固定利率下贷款的等额分期还款额，其金额共包含本期偿还利息和本期偿还本金两部分。在 Excel 中提供了专门函数计算月还贷金额。

二、实训步骤

1. 在 D9 中输入公式：=−PMT（D4/12，D5∗12，D3），计算预计月还贷款金额。

2. 在 D10 中输入公式：=D5∗12，计算还款次数，即显示多少月。

3. 在 D11 中输入公式：=D10∗D9−D3，计算利息总计。

4. 在 B15 中输入公式：=D6，填入付款日期。

5. 在 C15 中输入公式：=D3，填入期初余额。

6. 在 D15 中输入公式：=＄D＄9，填入月还款。

7. 在 F15 中输入公式：=−PPMT（＄D＄4/12，A15，＄D＄5∗12，＄C＄15），填入本期偿还本金。

8. 在 E15 中输入公式：=D15−F15 计算本期偿还利息。

9. 在 G15 中输入公式：=C15−F15 计算期末余额。

10. 在 B16 中输入公式：=DATE（YEAR（B15），MONTH（B15）＋1，DAY

(B15)），计算下一个月日期。

11. 在 C16 中输入公式：＝G15。

其余的可通过拖动自动填充柄实现全部数据的计算。最后效果如图 2-59 所示。

	A	B	C	D	E	F	G
1							
2	贷款总额	10000.00					
3	年息	5%					
4	贷款期限(年)	2					
5	起贷日期	2010/1/1					
6							
7	预计月还贷款	¥438.71					
8	还款次数	24					
9	利息总计	¥529.13					
10							
11	编号	付款日期	期初余额	月还款	还利息	还本金	期末余
12	1	2010/1/1	10000	¥438.71	¥41.67	¥397.05	¥9,602.95
13	2	2010/2/1	¥9,602.95	¥438.71	¥40.01	¥398.70	¥9,204.25
14	3	2010/3/1	¥9,204.25	¥438.71	¥38.35	¥400.36	¥8,803.89
15	4	2010/4/1	¥8,803.89	¥438.71	¥36.68	¥402.03	¥8,401.86
16	5	2010/5/1	¥8,401.86	¥438.71	¥35.01	¥403.71	¥7,998.15
17	6	2010/6/1	¥7,998.15	¥438.71	¥33.33	¥405.39	¥7,592.76
18	7	2010/7/1	¥7,592.76	¥438.71	¥31.64	¥407.08	¥7,185.69
19	8	2010/8/1	¥7,185.69	¥438.71	¥29.94	¥408.77	¥6,776.91
20	9	2010/9/1	¥6,776.91	¥438.71	¥28.24	¥410.48	¥6,366.44
21	10	2010/10/1	¥6,366.44	¥438.71	¥26.53	¥412.19	¥5,954.25

图 2-59　最后效果图

Excel 实训项目 B4

一、实训题目 1

设计 10 年年利率分别为 1％、3％、5％、7％、9％的期末折现系数表（素材：1. xls），如图 2-60 所示。

在财务、金融或精算理论中，n 年期折现系数 $v^n = \dfrac{1}{(1+i)^n}$，根据不同的利率情况，列表显示各年的折现系数，最后效果如图 2-61 所示。

	A	B	C	D	E	F
1	年份	1%	3%	5%	7%	9%
2	1					
3	2					
4	3					
5	4					
6	5					
7	6					
8	7					
9	8					
10	9					
11	10					

图 2-60　原始数据

	A	B	C	D	E	F
1	年份	1%	3%	5%	7%	9%
2	1	0.9901	0.9709	0.9524	0.9346	0.9174
3	2	0.9803	0.9426	0.9070	0.8734	0.8417
4	3	0.9706	0.9151	0.8638	0.8163	0.7722
5	4	0.9610	0.8885	0.8227	0.7629	0.7084
6	5	0.9515	0.8626	0.7835	0.7130	0.6499
7	6	0.9420	0.8375	0.7462	0.6663	0.5963
8	7	0.9327	0.8131	0.7107	0.6227	0.5470
9	8	0.9235	0.7894	0.6768	0.5820	0.5019
10	9	0.9143	0.7664	0.6446	0.5439	0.4604
11	10	0.9053	0.7441	0.6139	0.5083	0.4224

图 2-61　最后效果图

实训步骤：

只需要在 B2 单元格中输入公式：＝1/（1+B＄1）∧＄A2，然后拖动自动填充柄即可。

分析：根据 n 年期折现系数 $v^n = \dfrac{1}{(1+i)^n}$ 公式，应在 B2 单元格中填入公式：＝ 1/（1+B1）∧A2，在 C3 单元格中填入公式：＝1/（1+C1）∧A3。对比 B2 →C3 中的公式可知，单元格 B2 →C3，列由 B →C，行由 2 →3。但公式 B1 →C1，其行坐标没有变，则加上绝对引用 ＄，所以 B2 中的公式 B1 →B＄1。同理，A2 →A3，但列坐标 A 没有变，所以写为 ＄A2。所以 B2 中的公式最后应该写成＝1/（1+B＄1）∧＄A2。然后分析行、列的拖动自动填充柄即可得到正确结果。

此题重点考核混合引用问题，注意绝对引用不变，相对引用要变。

二、实训题目 2

在"人体每天氨基酸需要量统计表"（素材：2.xls，如图 2-62 所示）的基础上，完成下述题目要求：

1. 在 Sheet1 表"色氨酸"行前插入一行数据："苏氨酸、87、37、35、7"。

2. 求出 Sheet1 表中各种氨基酸对于各年龄段的平均值（小数取 2 位）并填入相应单元格中。

3. 求出 Sheet1 表中各年龄段"必需氨基酸总量"并填入相应单元格中。

4. 将 Sheet1 表各种氨基酸数据按"平均值"升序排列并将平均值最低的 3 种氨基酸内容的字体颜色以蓝色表示。

5. 根据 Sheet1 表"平均值"一列数据创建一个"折线图"，显示在 Sheet2 表 A1：H13 区域，要求以"氨基酸"为"图例项"，图例位于图表"靠左"。

实训步骤：

	A	B	C	D	E	F
1	人体每天氨基酸需要量统计表（毫克/千克体重）					
2						
3	氨基酸	婴孩	2~9岁	10~12岁	成人	平均值
4	组氨酸	28	20	18	12	
5	异亮氨酸	70	31	30	10	
6	亮氨酸	161	73	45	14	
7	赖氨酸	103	64	60	12	
8	蛋氨酸和胱氨酸	58	27	27	13	
9	苯丙氨酸和络氨酸	125	69	27	14	
10	色氨酸	17	13	4	4	
11	颉氨酸	93	38	33	10	
12	必需氨基酸总量					

图 2-62   原始数据表

1. 单击色氨酸一行，单击"插入"→"行"，然后输入数据：苏氨酸、87、37、35、7，并输入标题：氨基酸、婴孩、2~9 岁、10~12 岁、成人、平均值。

2. F4 单元格中输入公式：=AVERAGE（B4：E4），拖动求平均值，设置两位小数。

3. 在 B13 单元格中输入公式：=SUM（B4：B12），求总量，拖动后计算所有的总量。

4. 单击平均值列中的任意单元格，单击"排序和筛选"→"升序"，选中最小的前 3 行数据，单击"字体颜色"，设置为蓝色。

5. 选择氨基酸、平均值两列，注意使用 Ctrl 键进行不连续选择，效果如图 2-63 所示。

	A	B	C	D	E	F
1	人体每天氨基酸需要量统计表（毫克/千克体重）					
2						
3	氨基酸	婴孩	2~9岁	10~12岁	成人	平均值
4	色氨酸	17	13	4	4	9.50
5	组氨酸	28	20	18	12	19.50
6	蛋氨酸和胱氨酸	58	27	27	13	31.25
7	异亮氨酸	70	31	30	10	35.25
8	苏氨酸	87	37	35	7	41.50
9	颉氨酸	93	38	33	10	43.50
10	苯丙氨酸和络氨酸	125	69	27	14	58.75
11	赖氨酸	103	64	60	12	59.75
12	亮氨酸	161	73	45	14	73.25
13	必需氨基酸总量	742	372	279	96	

图 2-63   计算相应值后的效果

6. 单击"插入"→"折线图"→"带数据标记折线图",如图 2-64 所示。

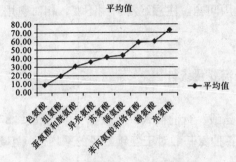

图 2-64   带数据标记折线图效果图

7. 单击"图表工具"→"设计"→"切换行/列",如图 2-65 所示。

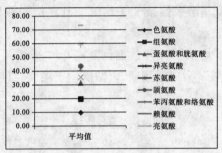

图 2-65   图表工具

8. 单击"图表工具"→"布局"→"图例"→"在左侧显示图例",如图 2-66 所示。

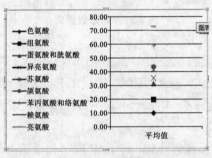

图 2-66   图表工具

三、实训题目 3

使用的工作表数据处理(素材:3. xls)。

(一)问题一

按照下面的要求将相应的内容填入工作表 1 中的"总成绩"、"补笔试"、"补上机"、"平均分"单元格中,必须以公式的形式填写(手工填写无效)。其中,总成绩=笔试成绩+上机成绩;如果笔试成绩小于 30,补笔试="补考";如果上机成绩小于 30,补上机="补考";正确的结果见"表 1. jpg",如图 2-67 所示。

实训步骤:

1. 在 F4 单元格中输入:=D4+E4,然后拖动自动填充柄进行填充。

2. 在 G4 单元格中输入：=IF（D4<3，" 补考"），然后拖动自动填充柄进行填充。

3. 在 H4 单元格中输入：=IF（E4<30，" 补考"），然后拖动自动填充柄进行填充。

4. 在 D33 单元格中输入：= AVERAGE（D4：D32），然后拖动自动填充柄进行填充。

	A	B	C	D	E	F	G	H
1	学生成绩统计表							
2	学号	姓名	性别	笔试成绩	上机成绩	总成绩	补笔试	补上机
3	99410007	王墨王墨	女	45	44	89		
4	99410010	吴一凡	男	32	35	67	补考	
5	99410011	王楠王楠	女	30	22	52	补考	补考
6	99410012	高震高震	男	29	44	73	补考	
7	99410013	刘博刘博	男	48	45	93		
8	99410015	刘经伟	男	44	39	83		
9	99410017	韩锐韩锐	女	36	34	70		
10	99410019	王楠王楠	女	38	33	71		
25	99410049	李杨李杨	女	32	36	68	补考	
26	99410050	李欣李欣	女	44	31	75		
27	99410057	王铁成	男	40	25	65		补考
28	99410058	张英男	男	47	47	94		
29	99410060	陈沙沙	女	36	35	71		
30	99410061	付雪峰	男	38	37	75		
31	99410062	刘居昊	男	45	21	66		补考
32	平均分			38.28	35	73.241379		

图 2-67　最后效果图

（二）问题二

将工作表 1 中的内容（除标题和平均分所在行的内容外）复制到工作表 2 中，在此数据基础上作高级筛选，条件为：笔试成绩小于 30 或上机成绩小于 30。筛选之后，正确的结果见"表 2.jpg"。

实训步骤：

1. 利用高级筛选功能，在 J1、K1 中输入或复制标题，在 J2 中输入"<30"，在 K3 中输入"<30"，如图 2-68 所示，在不同行表示，再单击"数据"→"排序和筛选"→"高级"。

J	K
笔试成绩	上机成绩
<30	
	<30

图 2-68　高缴筛选

2. 选择列表区域，再选择条件区域，单击"确定"，如图 2-69 所示。最后效果如图 2-70 所示。

图 2-69　高级筛选对话框

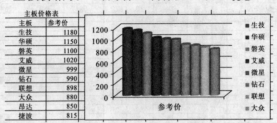

图 2-70 最后效果图

（三）问题三

根据工作表 3 中"主板价格表"的内容，制作如"表 3.jpg"（图 2-61）中的图表。

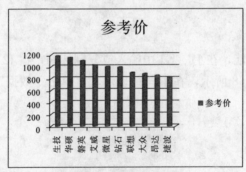

图 2-71 最后效果图

实训步骤：

1. 选择"主板"、"参考价"两列数据。

2. 单击"插入"→"图表"→"柱形图"→"簇状柱形图"，图表初始效果如图 2-72 所示。

图 2-72 图表初始效果

3. 单击"图表工具"→"设计"→"切换行/列"，如图 2-73 所示。

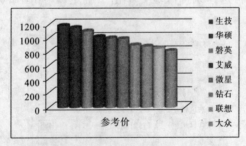

图 2-73 图表效果－切换行/列后效果

（四）问题四

将工作表 1 中（除标题和平均分所在行的内容外）内容复制到工作表 4 中，在此数据基础上作分类汇总。汇总后结果见"表 4.jpg"（图 2-74）。

1 2 3		A	B	C	D	E	F
	1	学号	姓名	性别	笔试成绩	上机成绩	总成绩
+	20			男 平均值	38.9	37.4	76.3
+	32			女 平均值	37.3	31.0	68.3
−	33			总计平均值	38.3	35.0	73.2

图 2-74　最后效果图

实训步骤：

1. 先按性别排序，光标在性别列的任意位置，单击"排序和筛选"→"升序"。

2. 单击"数据"→"分级显示"→"分类汇总"，分类字段选择"性别"，汇总方式选择"平均值"，选定汇总项"笔试成绩"、"上机成绩"、"总成绩"，确定，如图 2-75 所示。

图 2-75　分类汇总对话框

3. 然后单击"2"，出现最后的效果，如图 2-76 所示。

2 3		A	B	C	D	E	F
	1	学号	姓名	性别	笔试成绩	上机成绩	总成绩
+	20			男 平均	38.9	37.4	76.3
+	32			女 平均	37.3	31.0	68.3
	33			总计平均	38.3	35.0	73.2

图 2-76　最后效果图

Excel 实训项目 B5

一、实训题目 1

为"座位号.xls"中的考生按照随机排序的方法分配座位编号（保存为"2.xls"）

在考试考务组织过程中，考生的准考证号码是按一定顺序分配的，但在考场中，往往要求其座位是随机打乱的，这如何做到呢？请将素材中的考试座位号随机编号，编号从"001"开始，如图 2-77 所示。

	A	B	C	D	E
1	序号	姓名	性别	考试座位号	
2	1	符杰	男	039	0.342196672
3	2	左妞	男	022	0.586972785
4	3	牟朝霞	女	018	0.726007136
5	4	王磊	男	002	0.991919647
6	5	刘鑫	男	043	0.264958374
7	6	李兰兰	女	021	0.603432698
8	7	胡群	男	040	0.319727847
9	8	李冬	男	047	0.198775106
10	9	姜军	男	032	0.462544753
11	10	马斌	男	016	0.73338277

图 2-77　最后结果样式

实训步骤：

1. E2 单元格输入＝RAND（），产生随机数，拖动自动填充柄填充即可。

2. D2 单元格输入＝RANK（E2，＄E＄2：＄E＄58），拖动自动填充柄填充即可。

3. 选中 D2：D58，单击"字体启动器按钮"→"数字"→"自定义"→"类型"，选择"000"，如图 2-78 所示。

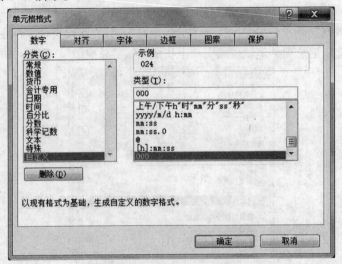

图 2-78   单元格格式－自定义

二、实训题目 2

在图书流通表中完成以下步骤（保存为"3. xls"）：

1. 将 Sheet1 表内容复制到 Sheet2 表并将 Sheet2 表更名为"流通表"；

2. 分别求出"流通表"每个月各类图书出借的合计数和平均数（小数取 2 位）并填入相应单元格中；

3. 求出"流通表"每一类图书全年出借的类别平均数（小数取 2 位）并填入相应单元格中；

4. 将"流通表"每月所有信息按"月平均"降序排列并将最高 3 个月内容的字体颜色以红色表示；

5. 根据"流通表"五类图书的类别平均值创建一个"三维簇状柱形图"，显示在 I3：L16 区域，要求以"类别"为"图例项"，图例位于图表"底部"。

实训步骤：

1. 选定数据，复制，切换到 Sheet2 中，粘贴，右击标签－重命名－"流通表"。

2. 在流通表的单元格 G4 中输入：＝SUM（B4：F4）单元格 H4 输入：G4/5 类别平均单元格中输入＝AVERAGE（B4：B15），分别拖动自动填充柄填充即可。

3. 单击月平均列的任意一个数据，"排序和筛选"→"降序"。选中前 3 行数据，单击"字体颜色"，设置为红色。

4. 选中 A3：F3、A16：F16 两个不连续的区域，单击"插入"→"图表"→"柱形图"→"三维簇状柱形图"，如图 2-79 所示。

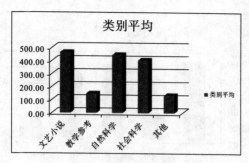

图 2-79　图表向导对话框-之 2

5. 单击 "图表工具" → "布局" → "图例" → "在底部显示图例", 如图 2-80 所示。

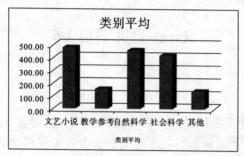

图 2-80　图表向导对话框-图例

6. 右击任何一个图柱, 选择 "设置数据系列格式", 如图 2-81 所示。

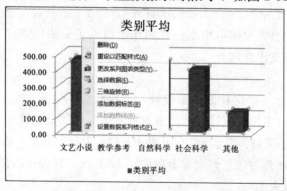

图 2-81　最后效果图

7. 单击 "填充" → "依数据点着色" → "关闭", 如图 2-82 和图 2-83 所示。

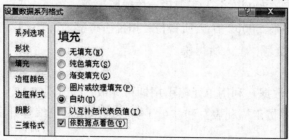

图 2-82　数据系列格式对话框

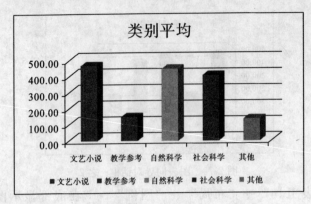

图 2-83 作图样式

Excel 实训项目 B6

一、实训题目 1

使用 Excel 素材文件夹提供的"工资管理. xls"中的现有数据"员工基本工资表"、"员工出勤统计表"、"员工福利表"和"员工奖金表"来完成题目要求。（考生使用素材提供的文档完成相关操作，并保持原有文件名称。）

(一) 问题一

根据"员工基本工资表"、"员工出勤统计表"、"员工福利表"和"员工奖金表"中的数据，应用 Excel 中的单元格引用及公式制作出员工工资表，如"员工工资表. jpg"，并计算出各部门的工资支出总额。

提示：

1. 基本工资、奖金、住房补助、车费补助、保险金、请假扣款等数据分别来源于"员工基本工资表"、"员工出勤统计表"、"员工福利表"和"员工奖金表"。

2. 应发金额＝基本工资＋奖金＋住房补助＋车费补助－保险金－请假扣款。

3. 扣税所得额的计算方法：如应发金额少于 1000 元，则扣税所得额为 0；否则，扣税所得额为应发金额减去 1000 元。

4. 个人所得税的计算方法：

扣税所得额＜500，个人所得税＝扣税所得额×5％；

500≤扣税所得额＜2000，个人所得税＝扣税所得额×10％－25；

2000≤扣税所得额＜5000，个人所得税＝扣税所得额×15％－125。

实发金额＝应发金额－个人所得税。

实训步骤：

员工工资表中的数据，利用单元格引用即可完成。

1. 首先分别对"员工福利表"和"员工奖金表"按员工编号升序排列，数据与前面的几个表的顺序一致。

2. 单击 A2，输入"＝"，再单击"员工基本工资表"，再单击 A2，直接回车。其中公式为：=员工基本工资表！A2，直接拖动 A2 的自动填充柄到 D2，再分别拖动 A2、B2、C2、D2 的自动填充柄到 A20、B20、C20、D20，填充前 4 列数据。

3. 同理，在员工工资表的 E2、F2、G2、H2、I2 及以下的单元填入数据。

4. 应发金额 J3 中输入：=D3+E3+F3+G3－H3－I3。

5. 扣税所得额 K3 中输入：=IF（J3>1000，J3－1000，0）。

6. 个人所得税 L3 中输入：=IF（K3>=2000，K3 * 0.15－125，IF（K3>=500，K3 * 0.1－25，K3 * 0.05））。

7. 实发金额 M3 中输入：=J3－L3。

8. 人事部工资支出的总计（实发工资）中输入：=SUMIF（$C$3:$C$20，C23，$M$3:$M$20），然后拖动。最后的效果如图 2-84 所示。

	A	B	C	D	E	F	G	H	I	J	K	L	M
1	员工工资表												
2	员工编号	员工姓名	所在部门	基本工资	奖金	住房补助	车费补助	保险金	请假扣款	应发金额	扣税所得额	个人所得税	实发工资
3	1001	江雨薇	人事部	¥ 3,000.00	¥ 300.00	¥ 100.00	¥ -	¥ 200.00	¥ 20.00	¥ 3,180.00	¥ 2,180.00	¥ 202.00	¥ 2,978.00
4	1002	郝思嘉	行政部	¥ 2,000.00	¥ 340.00	¥ 100.00	¥ 120.00	¥ 200.00	¥ 23.00	¥ 2,337.00	¥ 1,337.00	¥ 108.70	¥ 2,228.30
5	1003	林晓彤	财务部	¥ 2,500.00	¥ 360.00	¥ 100.00	¥ 120.00	¥ 200.00	¥ 14.00	¥ 2,866.00	¥ 1,866.00	¥ 161.60	¥ 2,704.40
6	1004	曾云儿	销售部	¥ 2,000.00	¥ 360.00	¥ 100.00	¥ 120.00	¥ 200.00	¥ 8.00	¥ 2,372.00	¥ 1,372.00	¥ 112.20	¥ 2,259.80
7	1005	邱月清	业务部	¥ 3,000.00	¥ 340.00	¥ 100.00	¥ 120.00	¥ 200.00	¥ 9.00	¥ 3,351.00	¥ 2,351.00	¥ 227.65	¥ 3,123.35
8	1006	沈沉	人事部	¥ 2,000.00	¥ 300.00	¥ 100.00	¥ 120.00	¥ 200.00	¥ 50.00	¥ 2,270.00	¥ 1,270.00	¥ 102.00	¥ 2,168.00
9	1007	蔡小蓓	行政部	¥ 2,000.00	¥ 300.00	¥ 100.00	¥ -	¥ 200.00	¥ 36.00	¥ 2,164.00	¥ 1,164.00	¥ 91.40	¥ 2,072.60
10	1008	尹南	财务部	¥ 3,000.00	¥ 340.00	¥ 100.00	¥ 120.00	¥ 200.00	¥ 40.00	¥ 3,320.00	¥ 2,320.00	¥ 223.00	¥ 3,097.00
11	1009	陈小旭	销售部	¥ 2,500.00	¥ 250.00	¥ 100.00	¥ 120.00	¥ 200.00	¥ 60.00	¥ 2,710.00	¥ 1,710.00	¥ 146.00	¥ 2,564.00
12	1010	薛婧	业务部	¥ 1,500.00	¥ 450.00	¥ 100.00	¥ 120.00	¥ 200.00	¥ 25.00	¥ 1,945.00	¥ 945.00	¥ 69.50	¥ 1,875.50
13	1011	萧煜	财务部	¥ 2,000.00	¥ 360.00	¥ 100.00	¥ -	¥ 200.00	¥ 26.00	¥ 2,234.00	¥ 1,234.00	¥ 98.40	¥ 2,135.60
14	1012	陈露	销售部	¥ 3,000.00	¥ 360.00	¥ 100.00	¥ 120.00	¥ 200.00	¥ 39.00	¥ 3,341.00	¥ 2,341.00	¥ 226.15	¥ 3,114.85
15	1013	杨清清	业务部	¥ 2,500.00	¥ 120.00	¥ 100.00	¥ 120.00	¥ 200.00	¥ 48.00	¥ 2,592.00	¥ 1,592.00	¥ 134.20	¥ 2,457.80
16	1014	柳晓琳	人事部	¥ 3,000.00	¥ 450.00	¥ 100.00	¥ 120.00	¥ 200.00	¥ 52.00	¥ 3,418.00	¥ 2,418.00	¥ 237.70	¥ 3,180.30
17	1015	杜媛媛	行政部	¥ 2,000.00	¥ 120.00	¥ 100.00	¥ 120.00	¥ 200.00	¥ 16.00	¥ 2,124.00	¥ 1,124.00	¥ 87.40	¥ 2,036.60
18	1016	乔小麦	财务部	¥ 3,000.00	¥ 120.00	¥ 100.00	¥ 120.00	¥ 200.00	¥ 54.00	¥ 3,086.00	¥ 2,086.00	¥ 187.90	¥ 2,898.10
19	1017	丁欣	销售部	¥ 2,000.00	¥ 450.00	¥ 100.00	¥ -	¥ 200.00	¥ 16.00	¥ 2,334.00	¥ 1,334.00	¥ 108.40	¥ 2,225.60
20	1018	赵震	业务部	¥ 2,500.00	¥ 450.00	¥ 100.00	¥ 120.00	¥ 200.00	¥ 49.00	¥ 2,921.00	¥ 1,921.00	¥ 167.10	¥ 2,753.90
21													
22			所在部门	总计									
23			人事部	8326									
24			行政部	6338									
25			财务部	10835									
26			销售部	10164									
27			业务部	10211									

图 2-84　员工工资表效果图

（二）问题二

根据员工工资表生成如“工资条.jpg”所示的员工工资条。

提示：所有数据均自动动态生成，如直接填入数据不给分。

实训步骤：

生成工资条。在 A1 单元格中输入：=IF（MOD（ROW（），3）=0，""，IF（MOD（ROW（），3）=1，员工工资表！A$2，INDEX（员工工资表！$A:$M，INT（（ROW（）+8）/3），COLUMN（））））。工资条效果如图 2-85 所示。

	A	B	C	D	E	F	G	H	I	J	K	L	M
1	员工编号	员工姓名	所在部门	基本工资	奖金	住房补助	车费补助	保险金	请假扣款	应发金额	扣税所得额	个人所得税	实发工资
2	1001	江雨薇	人事部	3000	300	100	0	200	20	3180	2180	202	2978
3													
4	员工编号	员工姓名	所在部门	基本工资	奖金	住房补助	车费补助	保险金	请假扣款	应发金额	扣税所得额	个人所得税	实发工资
5	1002	郝思嘉	行政部	2000	340	100	120	200	23	2337	1337	108.7	2228.3
6													
7	员工编号	员工姓名	所在部门	基本工资	奖金	住房补助	车费补助	保险金	请假扣款	应发金额	扣税所得额	个人所得税	实发工资
8	1003	林晓彤	财务部	2500	360	100	120	200	14	2866	1866	161.6	2704.4
9													
10	员工编号	员工姓名	所在部门	基本工资	奖金	住房补助	车费补助	保险金	请假扣款	应发金额	扣税所得额	个人所得税	实发工资
11	1004	曾云儿	销售部	2000	360	100	120	200	8	2372	1372	112.2	2259.8
12													
13	员工编号	员工姓名	所在部门	基本工资	奖金	住房补助	车费补助	保险金	请假扣款	应发金额	扣税所得额	个人所得税	实发工资
14	1005	邱月清	业务部	3000	340	100	120	200	9	3351	2351	227.65	3123.35

图 2-85　工资条效果图

若员工工资表的第一行无标题行，可用以下公式：＝IF（MOD（ROW（），3）＝0,"",
IF（MOD（ROW（），3）＝1，员工工资表！A＄2，INDEX（员工工资表！＄A：＄M,
INT（（ROW（）＋8）/3），COLUMN（）))），然后进行拖动即可实现工资条的制作。

（三）问题三

员工编号列表框中的列表选项为所有员工的员工号，当选择不同的员工编号时，能
显示出所选员工的工资详情。工资发放时间为系统当前日期。

实训步骤：

制作员工工资详情表，如"员工工资详情表. jpg"所示。

1. 利用窗体制件来实现动态变化。单击"开发工具"→"插入"→"组合框"。

2. 在单元格 C2 中拖动，然后右击"组合框"→"设置控件格式"→"数据源区
域"，选择：员工工资表！＄A＄3：＄A＄20，单元格链接地址为＄A＄2，单击"确定"，
如图 2-86 所示。

图 2-86　设置控件格式对话框

3. 在 C3 中输入公式：＝LOOKUP（1000＋A2，员工工资表！＄A＄3：＄A＄20，
员工工资表！＄B＄3：＄B＄20）。

4. 在 C4 中输入公式：＝LOOKUP（1000＋A2，员工工资表！＄A＄3：＄A＄20，
员工工资表！＄C＄3：＄C＄20）。

5. 在 C5 中输入公式：＝LOOKUP（1000＋A2，员工工资表！＄A＄3：＄A＄20，
员工工资表！＄D＄3：＄D＄20）。其余的方法同上。

6. 工资发放时间单元格输入：＝TODAY（）。最后效果如图 2-87 所示。

	A	B	C	D	E	F
1	学号	姓名	院系名称	专业名称	性别	编号
2	10032010101	韩英美	数学学院	基础数学	女	01
3	10032010102	胡军	数学学院	基础数学	男	02
4	10032010103	胡珊珊	数学学院	基础数学	女	03
5	10032010104	刘程程	数学学院	基础数学	女	04
6	10032010105	刘丽	数学学院	基础数学	男	05
7	10032010106	孟美	数学学院	基础数学	女	06
8	10032010107	敏捷	数学学院	基础数学	男	07
9	10032010108	宋刚	数学学院	基础数学	男	08
10	10032010109	王芳	数学学院	基础数学	女	09
11	10032010110	王丽	数学学院	基础数学	男	10

图 2-87　最后效果

Excel 实训项目 B7

Excel 2007 操作题：这一部分的素材与作答区域均在"Excel 2007 复赛操作题.xls"文档中，请注意数据表标签的提示，并根据题目编号，查阅相应的素材，并在指定的作答数据表中保存操作结果。举例：第 1 题涉及的素材保存在标签为"1-素材"的数据表中，第（1）个问题的操作结果保存在标签为"1.1-回答"显示为蓝色的工作表中，又如，第 2 题的第（2）个问题在标签为"2.2-回答"显示为蓝色的工作表中。

一、实训题目 1

某学院为了迎接本科生建设评估，对 1991～2007 年本学院教师学术文章发表情况进行了统计，统计数据请见标签为"1-素材"数据表中的"某学院 1991～2007 年教师学术文章发表情况统计表"。根据下列要求完成题目。

1. 计算该学院每年的发文比例情况，发文比例的计算公式是：年发文比例=年发文总数/当年学院在职教师人数 * 100％，制作"教师发文数据统计.jpg"所示的数据表。

2. 根据逐年的发文比例，以每五年为一个阶段，制作"教师发文比例变化图示.jpg"所示的图表。

实训步骤：

1. D2 单元格中输入公式为：=C2/B2，设置格式为百分数，拖动自动填充柄填充数据。

2. 作图。选中 D2：D6，单击"插入"→"图表"→"折线图"→"带数据标记的折线图"，如图 2-88 所示。

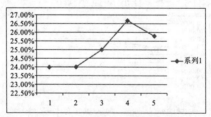

图 2-88　第 1 个系列效果

3. 单击"图表工具"→"设计"→"选择数据"，如图 2-89 所示。

图 2-89　选择数据源对话框

4. 单击"编辑"，在系列名称中输入"1991—1995"，计算机会自动变为"=1991—

1995"，确定，如图 2-90 所示。

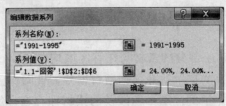

图 2-90　编辑数据系列对话框

5. 单击"添加"，在系列名称中输入："1996—2000"，在系列值中拖动选择，如图 2-91 所示，确定。同理做出"2001—2005"，"2006—2007"。效果如图 2-92 所示。

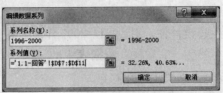

图 2-91　添加 1996—2000 系列对话框

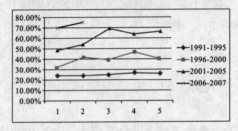

图 2-92　添加 2001—2005，2006—2007 后效果

6. 单击"布局"→"图例"→"在底部显示图例"，如图 2-93 所示。

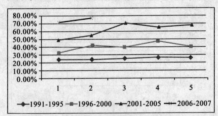

图 2-93　将图例显示在下方

7. 单击"布局"→"图表标题"→"图表上方"，然后输入"发文比例变化图示"，将字体改为楷体，16 磅，效果如图 2-94 所示。

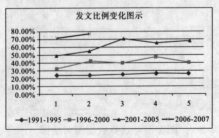

图 2-94　加标题后效果

8. 单击"系列 2001—2005",右击,选择"设置数据系列格式"→"数据标记选项"→"内置"→"类型",如图 2-95 所示。

图 2-95   修改 2001—2005 数据系列格式对话框

9. 单击"数据标记填充"→"纯色填充",选择浅绿色,如图 2-96 所示。单击"标记线颜色"→"实线",选择深色,即数据标记周围框的颜色,如图 2-97 所示。单击"线条颜色"→"实线"→颜色选择深色,即各数据点连接的线颜色。

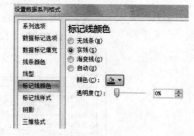

图 2-96   设置数据标记填充色   图 2-97   设置数据标记线颜色

图 2-98   设置数据之间的线条色

10. 同理设置"2006—2007"数据点的样式和填充色。只选择 2007 年的数据点(注意单击后,还要单击一次),右击,选择"设置数据标签格式",选中"值",如图 2-99 所示。

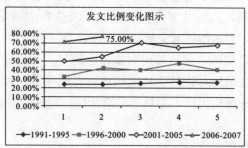

图 2-99   设置数据点的显示 75%

11. 单击绘图区,右击,选择"绘图区格式"→"填充"→"渐变填充",设置如图 2-100 所示,关闭。最后效果如图 2-101 所示。

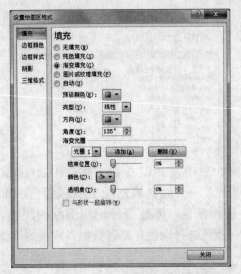

图 2-100　设置绘图区格式－填充

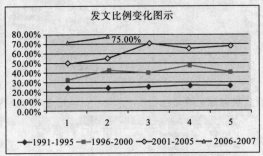

图 2-101　最后效果图

二、实训题目 2

甲学校举办运动会，有 20 位学生报名参加铅球比赛。已知这 20 位学生的身份证号码，请根据要求完成下列题目。

（一）问题一

分析参赛者年龄、性别信息，制作"学生性别与年龄信息.jpg"所示的数据表。

提示：公民身份证号码由十七位数字本体码和一位校验码组成。排列顺序从左至右依次为：六位数字地址码，八位数字出生日期码，三位数字顺序码和一位数字校验码。其中，前六位为地址码，表示编码对象常住户口所在县（市、旗、区）的行政区划代码；第七位至十四位为出生日期码，表示编码对象出生的年、月、日；第十五位至十七位为顺序码，表示在同一地址码所标识的区域范围内，对同年、同月、同日出生的人编定的顺序号，顺序码的奇数分配给男性，偶数分配给女性；最后一位是校验码。

实训步骤：

从身份证号中提取数据。

1. 性别列输入式：=IF（MOD（VALUE（MID（B2，15，3）），2）=1,"男","女"），或者输入公式：=IF（MOD（VALUE（RIGHT（LEFT（E2，17），3）），2）=1,"男","女"）。

2. 年龄列输入公式: ＝2008－VALUE（MID（B2，7，4）），或者输入公式: ＝2008－VALUE（RIGHT（LEFT（E2，10），4））。

（二）问题二

在问题一的基础上，利用高级筛选功能，统计 23 岁以上（含 23 岁）女学生与 23 岁以下（含 23 岁）男学生的基本信息，要求保留条件区。

实训步骤:

1. 设置条件区域，如图 2-102 所示。

图 2-102　设置条件区域

2. 单击"数据"→"排序和筛选"→"高级"，选择列表区域和条件区域，单击"确定"，如图 2-103 所示。最后效果如图 2-104 所示。

图 2-103　高级筛选对话框

	A	B	C	D	E	F	G
1	编号	身份证号码信息	性别	年龄		性别	年龄
2	1	360102198305230088	女	25		女	>=23
3	2	330226198503280033	男	23		男	<=23
4	3	360402198211040020	女	26			
6	5	13282919870401245X	男	21			
7	6	142224198402150989	女	24			
9	8	320102198509242862	女	23			
10	9	130302198909052211	男	19			
11	10	130302198703074518	男	21			
12	11	420107198511052019	男	23			
13	12	452522198409255866	女	24			
15	14	33020019850614677X	男	23			
17	16	330100198506026816	男	23			

图 2-104　最后效果

Excel 实训项目 B8

Excel 2007 操作题: 这一部分的素材与作答区域均在"Excel 2007 复赛操作题.xls"文档中，请注意数据表标签的提示，并根据题目编号，查阅相应的素材，并在指定的作答数据表中保存操作结果。

举例: 第 1 题涉及的素材保存在标签为"1-素材"数据表中，第①个问题的操作结果请保存在标签为"1.1-回答"、显示为蓝色的工作表中；又如，第 2 题的第②个问题请在标签为"2.2-回答"、显示为蓝色的工作表中完成。

实训题目

已知学生基本信息表，请根据下列要求完成题目。

（一）问题一

请使用一个公式完成学号的自动生成。学号共计由 11 位组成，其生成的规则是：前 4 位为学校代码，该校代码为 1003；第 5 位到 9 位为专业代码，其中，"基础数学"专业代码为 20101，"应用数学"专业代码为 20102，"理论物理"专业代码为 30101，"应用物理"专业代码为 30102；第 10、11 位为同一个学院内按照姓名升序排列后的顺序号。

实训步骤：

1. 单击"开始"→"排序和筛选"→"自定义排序"。主要关键字为院系名称，次要关键字为专业名称，下一个次要关键字为姓名，都为升序，如图 2-105 所示。

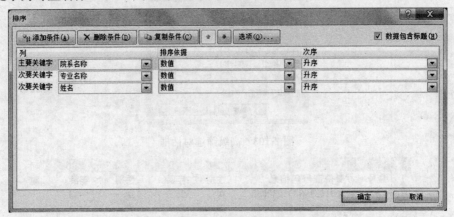

图 2-105　排序对话框

2. 处理学院不同专业的编号。增加编号列，设置数据类型为文本，输入 01，拖动，处理数学学院，同理处理不同的学院。

3. 在姓名前面插入列，输入学号，在 A2 中输入公式：="1003"&（IF（D3="基础数学","20101"，IF（D3="应用数学","20102"，IF（D3="理论物理","30101"，IF（D3="应用物理","30102")))))）&F3。部分效果如图 2-106 所示。

	A	B	C	D	E	F
1	学号	姓名	院系名称	专业名称	性别	编号
2	10032010101	韩英美	数学学院	基础数学	女	01
3	10032010102	胡军	数学学院	基础数学	男	02
4	10032010103	胡珊珊	数学学院	基础数学	女	03
5	10032010104	刘程程	数学学院	基础数学	女	04
6	10032010105	刘丽	数学学院	基础数学	男	05
7	10032010106	孟美	数学学院	基础数学	女	06
8	10032010107	敏捷	数学学院	基础数学	男	07
9	10032010108	宋刚	数学学院	基础数学	女	08
10	10032010109	王芳	数学学院	基础数学	女	09
11	10032010110	王丽	数学学院	基础数学	男	10

图 2-106　部分效果图

（二）问题二

请参照"院系学生人数统计表.jpg"制作数据统计表。

实训步骤：

1. 将数据表复制到 2.2-回答表中。

2. 按院系名称排序。

3. 单击"数据"→"分类汇总"，"分类字段"填入院系名称，"汇总方式"填入计数，"选定汇总项"勾选学号，取消"汇总结果显示在数据下方"，单击"确定"，如图 2-107 所示。

图 2-107　分类汇总对话框

5. 单击"2"后，效果如图 2-108 所示。

2 3		A	B	C	D	E
	1	学号	姓名	院系名称	专业名称	性别
	2	56		总计数		
+	3	25		数学学院	计数	
+	29	31		物理学院	计数	

图 2-108　最后效果图

Excel 实训项目 B9

某公司主要从事电器设备的制造与销售，请根据要求完成下列题目。注意：问题 1-4 的素材与作答区域均在"Office 2007 决赛操作题 2.xls"文档中。请注意数据表标签的提示，并根据题目编号，查阅相应的素材，并在指定的作答数据表中保存操作结果。

举例：第 1 题涉及的素材保存在标签为"1-素材"数据表中，第 1 题的操作结果保存在标签为"1-回答"、显示为蓝色的工作表中；又如，第 3 题的第（2）个问题请在标签为"3.2-回答"、显示为蓝色的工作表中完成。

一、实训题目 1

该公司对 2006~2008 年三年间费用支出情况进行了统计，得到数据文件"费用支出统计.docx"。请参照"1-素材"工作表中的图片"三年费用支出.jpg"和"2008 年费用支出.jpg"制作 Excel 图表，并保存在标签为"1-回答"的工作表中。

实训步骤：

1. 将 Word 文件"费用支出统计.docx"打开，通过复制、粘贴，将它转换为 Excel 文档，如图 2-109 所示。

支出类型	2006 年	2007 年	2008 年
工资	786543	873421	839055
办公费	38765	65873	88600
活动经费	113245	150988	103422
招待费	80342	85603	92311
管理费	83421	121030	97830
培训支出	74583	92343	130293
财务费	53421	66234	70222

图 2-109 Excel 效果

2. 选中全部数据，单击"插入"→"柱形图"→"簇状柱形图"，如图 2-110 所示。

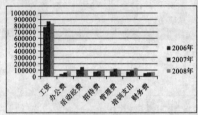

图 2-110 初始图

3. 单击"图表工具"→"设计"→"切换行/列"，如图 2-111 所示。

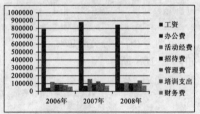

图 2-111 切换行/列后效果图

4. 选择绘图区，右击，在"设置绘图区格式"对话框中选中"渐变填充"，确定，如图 2-112 所示，作图样式如图 2-113 所示。

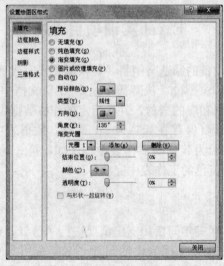

图 2-112 设置绘图区格式对话框

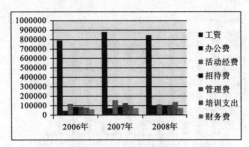

图 2-113   作图样式

5. 将第二个图的数据转换为如图 2-114 所示的表，一定要删除工资，以他们的三项和代换。

支出类型	2008 年
办公费	88600
活动经费	103422
招待费	92311
管理费	97830
培训支出	130293
财务费	70222
20－30	234500.00
30－40	405970.00
40 以上	198585.00

图 2-114   图表向导－复合饼图

6. 选中全部数据，单击"插入"→"图表"→"饼图"→"复合饼图"，最后效果如图 2-115 所示。

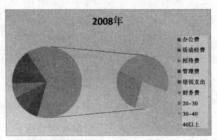

图 2-115   最后效果图

二、实训题目 2

该公司重点对 2007 年每个月的销售计划的完成情况进行了统计，得到标签为"2-素材"中提供的"某公司 2007 年销售计划完成数据表"。请参照素材"某公司 2007 年销售计划完成情况 . jpg"制作图表，并保存在标签为"2-回答"的工作表中。完成率的计算公式是：完成率＝完成的销售量/计划的销售量＊100％。

实训步骤：

1. 计算完成率，在 B7 单元格输入公式：＝B6/B5，单击"％"，拖动完成其余月分。

2. 选中计划与完成率 A4：M5、A7：M7。

3. 单击"插入"→"图表"→"柱形图"→"簇状柱形图"，初始效果如图 2-116 所示。

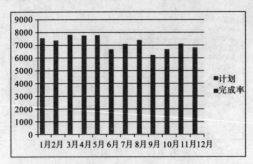

图 2-116　初始图效果

4. 单击"图表工具"→"布局"→"图例"→"在底部显示图例"，如图 2-117 所示。

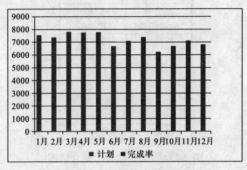

图 2-117　图例显示在底部

5. 单击"图表工具"→"布局"→"当前所选内容"→"图表元素"→"系列'完成率'"→"设置所选内容格式"，如图 2-118 所示。

图 2-118　系列"完成率"－设置所选内容格式

6. 在对话框中，选择"次坐标轴"，则结果图表右侧出现"次坐标轴"，如图 2-119 和图 2-120 所示。

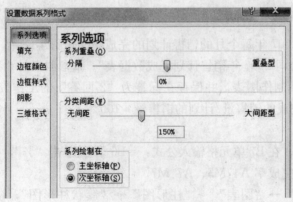

图 2-119　设置次坐标轴

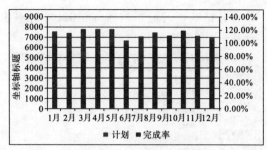

图 2-120　出现次坐标轴

7. 选择"系列'完成率'"，单击"布局"→"数据标签"→"其他数据标签选项"，选中系列名称、值、轴内侧，如图 2-121 所示。

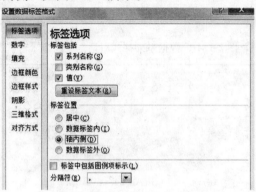

图 2-121　数据系列对话框－数据标志

8. 单击"对齐方式"→"水平对齐方式"，选择右对齐，"文字方向"选择所有文字旋转 270 度，如图 2-122 所示，效果如图 1-123 所示。

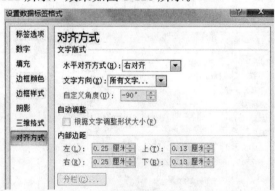

图 2-122　数据标志格式对话框－对齐

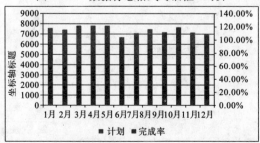

图 2-123　添加了文字

9. 选择计划系列，设置其格式，勾选系列名称和值，"标签位置"选择"数扭标签外"，如图 2-124 所示，效果如图 2-125 所示。

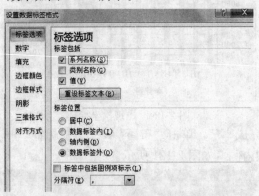

图 2-124　数据系列格式对话框－数据标志

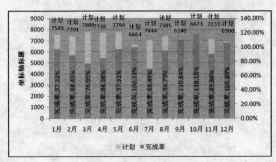

图 2-125　添加了计划数据

10. 选择"次坐标轴"→"设置所选择内容格式"，"主要刻度线类型"选择"无"，"坐标轴标签"也选择"无"，如图 2-126 所示。

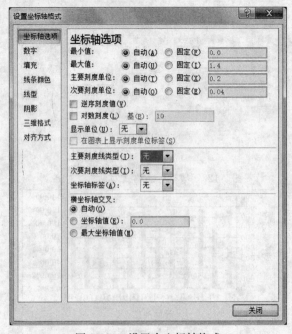

图 2-126　设置次坐标轴格式

11. 添加标题，单击"布局"→"图表标题"→"图表上方"，输入"某公司2007年销售计划完成情况"，效果如图 2-127 所示。

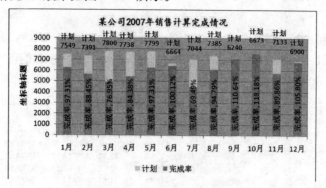

图 2-127　添加了标题效果图

12. 单击"布局"→"坐标轴标题"→"主纵坐标轴标题"，选择无。设置坐标轴格式为最大值、固定、8000，如图 2-128 所示。

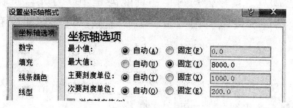

图 2-128　设置坐标轴格式

13. 再作文本框，输入"超额完成的月份 6、9、10、12"。

14. 再作箭头，设置为虚线。最后效果如图 2-129 所示。

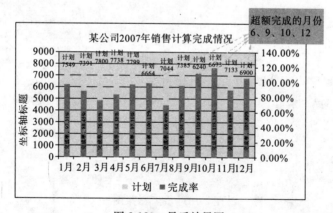

图 2-129　最后效果图

三、实训题目 3

该公司打算向银行贷款 3000 万元，用于开拓销售市场和推广新型产品。请根据下列要求完成题目：

（一）问题一

已知标签为"3-素材"的工作表中的"贷款年限和利率表"信息，请根据给出的贷款年限和利率情况，计算在不同利率不同贷款年限下每年的还贷款额，并将结果保存在标签为"3.1-回答"的工作表中。

实训步骤：

将数据复制到"3.1-回答"表中，在 C1 单元格输入 3000（万），在 C4 单元格中输入公式：＝－PMT（C＄3，＄B4，＄C＄1），然后拖动，注意以年还，而不是以月还，计算结果如图 2-130 所示。

	A	B	C	D	E	F
1	贷款年限和利率表		3000			
2			利率			
3		贷款年限	7.77%	8.22%	9.54%	9.83%
4		1	¥3,233.10	¥3,246.60	¥3,286.20	¥3,294.90
5		2	¥1,677.00	¥1,687.38	¥1,717.91	¥1,724.63
6		5	¥746.82	¥755.73	¥782.11	¥787.96
7		10	¥442.46	¥451.53	¥478.63	¥484.68

图 2-130　计算结果

（二）问题二

如果贷款利率是 7.77％，该公司每年还贷能力是 400 万元，贷款年限 8 年。请利用单变量求解计算该公司最多可以向银行贷款多少金额？请将结果保存在标签为"3.2-回答"的工作表中。

实训步骤：

1. 在 B2 中输入 8，在 B3 中输入 7.77％，在 B4 单元格输入公式：＝PMT（B3，B2，B1），注意 B1 中不输入数据，如图 2-131 所示。

2. 单击"数据"→"假设分析"→"单变量求解"，设置目标单元格 B4，目标值 400，可变单元格 B1，如图 2-132 所示，确定即可解出贷款总数为 2318.85557 万元，如图 2-133 所示。

	A	B
1	贷款总额	
2	年限	8
3	利率	7.77%
4	年还	¥0.00

图 2-131 输入相应值

图 2-132　单变量求解对话框

	A	B
1	贷款总额	-2318.855568
2	年限	8
3	利率	7.77%
4	年还	¥400.00

图 2-133　最后效果图

（三）问题三

为了保证市场开拓计划的如期实现，该公司专门立项并成立了一个规划小组，从各部门抽调了 15 名员工，并新招聘了 5 名员工。这 20 名员工的基本信息请见"3-素材"中提供的"规划小组成员信息表"，在"3.3-回答"的工作表中制作一个数据透视表，可以查看规划小组中来自不同省市的员工人数。

实训步骤：

1. 将数据表复制到"3.3-回答"表中。

2. 单击"插入"→"数据透视表"→"数据透视表"。选择数据范围为 A1:F21，存放位置为 H1，如图 2-134 所示。

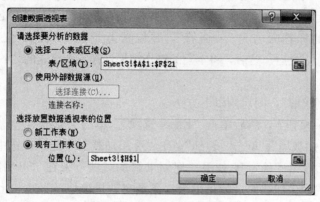

图 2-134　数据透视表对话框

3. 将籍贯拖动到行字段，将工作证号拖动到数据区域，如图 2-135 所示。数据透视表效果如图 2-136 所示。

图 2-135　数据透视表字段列表－拖动到区域

图 2-136　数据透视表效果图

四、实训题目 4

公司生产 A、B 两种产品，假设生产 1 台 A 产品，要消耗 90 千克钢材、40 千克铜线、30 千克油，获利 0.7 万元；生产 1 台 B 产品，要消耗 40 千克钢材、50 千克铜线、100 千克油，获利 1.2 万元。假设该公司当前可供利用的各种资源额度是：钢材 3600 千克、铜线 2000 千克、油 3000 千克。请利用规划求解，计算该公司应生产多少台 A 产品和多少台 B 产品才能够获得最大利润？在"Office 2007 决赛操作题 2.xls"工作簿中创建一个新的工作表，将该工作表的标签命名为"4-回答"，并设置背景色为蓝色，位置放置于标签为"3.3-回答"的工作表之后。然后，将本题的操作结果保存在新建立的"4-回答"工作表中。

实训步骤：

若没有"规划求解"，则启用以下方法。

单击"Office 按钮"，然后单击"Excel 选项"。单击"加载项"，然后在"管理"框中，选择"Excel 加载项"。单击"转到"。在"可用加载宏"框中，选中"规划求解加载项"复选框，然后单击"确定"。如果"规划求解加载项"未在"可用加载宏"中列出，请单击"浏览"找到该加载宏。如果出现一条消息，指出您的计算机上当前未安装规划求解加载宏，请单击"是"，进行安装。加载规划求解加载宏后，"规划求解"命令将出现在"数据"选项卡的"分析"组中。

1. 自己制作数据表，如图 2-137 所示。

	A	B	C	D	E
1	学号	姓名	院系名称	专业名称	性别
2	56		总计数		
3	25		数学学院	计数	
29	31		物理学院	计数	

图 2-137　制作数据表

2. F2 中输入公式：＝B2＊0.7；F3 中输入公式：＝B3＊1.2；F4 中输入公式：＝F2+F3。

3. C4 中输入公式：＝B2＊C2+B3＊C3。

4. D4 中输入公式：＝B2＊D2+B3＊D3。

5. E4 中输入公式：＝B2＊E2+B3＊E3。

6. 单击"数据"→"规划求解"。

7. 设置目标单元格为＄F＄4，选择最大值。可变单元格为＄B＄2：＄B＄3。单击"添加"，如图 2-138 和图 2-139 所示，添加三个约束，确定。

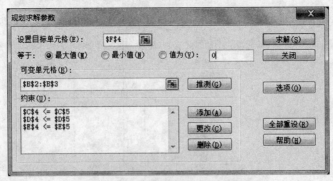

图 2-138　规划求解对话框

图 2-139　添加约束条件

8. 最后单击"求解",可求解出最后结果,如图 2-140 所示。

	A	B	C	D	E	F
1	产品名称	数量	钢材	铜线	油	利润
2	A	20	90	40	30	14
3	B	24	40	50	100	28.8
4			2760	2000	3000	42.8
5	当前资源		3600	2000	3000	

图 2-140   最后效果图

9. 最后结果是生产 A 产品为 20 台,B 产品为 24 台,最大利润为 42.8 万元。

Excel 实训项目 B10

Excel 2007 操作题:根据题目要求,查阅"Excel 2007 素材"文件夹中"Excel 复赛题.xls"文件,并在指定的工作表中保存操作结果,最后将结果文件保存到上述指定的文件夹中。注意:该部分的素材与答题均在"Excel 复赛题.xls"文档中,请注意工作表名称的提示。

一、实训题目 1

"素材 1"表中存放了某公司职工的基本信息。请在"答题 1"表中制作"素材 1"表中"图 1"(本书中图 1-141)所示的职工简历,并根据"素材 1"表中的职工数据,在"答题 1"表已制作好的职工简历中,通过在"姓名"单元格输入"黄海涛",其他空单元格位置内容利用函数从"素材 1"职工表中搜索到"黄海涛"的信息,并自动生成如图 2 所示的结果。(注意:图 2 中浅蓝色背景区域的内容除"黄海涛"外,其他信息是将"素材 1"表中黄海涛的信息调入到相应位置的,直接输入不得分。)

	A	B	C	D	E	F	G	H	I	J
1					个人简历					
2	姓名	王浩	性别	男	民族	汉	籍贯	北京市	出生日期	1970年1月1日
3	参加工作时间			1995/7/1			职称	工程师	现任职务	经理
4	学历	大学		毕业学校及专业				北京大学,数学		
5	工作简历	1、1991年——1995年,上大学。 2、1995年——2001年,科贸公司工作。 3、2001年——至今,本单位。								

图 2-141   效果样式

实训步骤:

1. D2 中输入公式:＝LOOKUP($B$2,素材 1!$A$3:$A$6,素材 1!B$3:B$6)。

2. F2 中输入公式:＝LOOKUP($B$2,素材 1!$A$3:$A$6,素材 1!C$3:C$6)。

3. B5 中输入公式:＝LOOKUP($B$2,素材 1!$A$3:$A$6,素材 1!K3:K6)。

4. B5 单元格要设置文字的对齐方式,水平对齐,靠左;垂直对齐,靠上。选中"自动换行"、"合并单元格"。如图 2-142 所示。

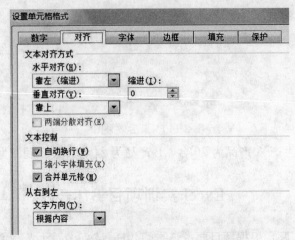

图 2-142　单元格格式-对齐对话框

二、实训题目 2

"素材 2"为业务员的销售数量，请根据该数据，在"答题 2"工作表中创建各业务员销售数据柱形图，效果如"素材 2"中图表样例所示。要求每个业务员数据的柱形图的颜色根据其值的大小显示为相应颜色，具体为：0～500，红色；501～1000，蓝色；1001～1500，黄色；1501～2000，绿色（提示：应通过函数将业务员的销售数据划分到相应数据区间，再制作图表）。

实训步骤：

1. 将数据表转换为表格，如图 2-143 所示。

	A	B	C	D	E	F
1	业务员	销售数量	介于0-500	介于501-1000	介于1001-1500	介于1501-2000
2	王华	560		560		
3	刘伟	450	450			
4	郑向阳	230	230			
5	何明理	1350			1350	
6	柳卿	1600				1600
7	赵建国	1500			1500	
8	王奎	680		680		
9	孙敬	860		860		
10	李玉	1200			1200	
11	马江	1900				1900

图 2-143　转换后数据表样式

2. C2 单元格输入公式：＝IF（B2<=500，B2,""）。
3. D2 单元格输入公式：＝IF（AND（B2<=1000，B2>=501），B2,""）。
4. E2 单元格输入公式：＝IF（AND（B2<=1500，B2>=1001），B2,""）。
5. D2 单元格输入公式：＝IF（AND（B2<=2000，B2>=1501），B2,""）。
6. 先选择 C2:C11 作图，如图 2-144 所示。

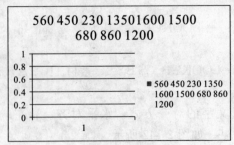

图 2-144　生成的初始图表

7. 单击"图表工具"→"设计"→"选择数据"，如图 2-145 所示。

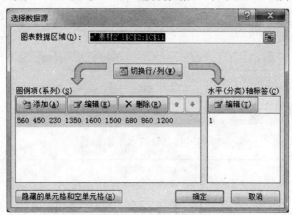

图 2-145　选择数据源对话框

8. 单击"编辑"，"系列名称"选择 C1；"系列值"选择 C2:C11，确定，如图 2-146 所示，第一列效果如图 2-147 所示。

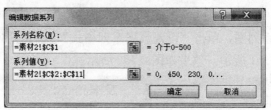

图 2-146　编辑数据系列对话框

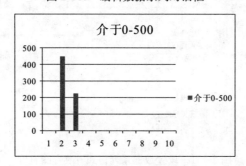

图 2-147　第一列效果图

9. 单击"选择数据"→"添加"。设置介于 501~1000 的系列名称为 D1；"系列值"选择 D2:D11，如图 2-148 所示。

10. 同理设置后面两列数据格式，确定。

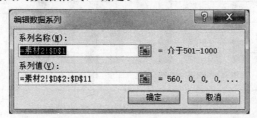

图 2-148　编辑数据系列对话框

11. 单击"设计"→"选择数据源"→"水平（分类）轴标签"→"编辑"，轴标签区域选择 A2：A11，确定。将横坐标轴由"1"、"2"、"3"……改为姓名，如图 2-149 所示，效果如图 2-150 所示。

图 2-149 修改水平轴标签

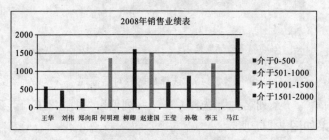

图 2-150 效果图

12. 右击任何一系列图，单击"设置数据系列格式"，调整系列重叠为 100％，分类间距为 85％，如图 2-151 所示，效果如图 2-152 所示。

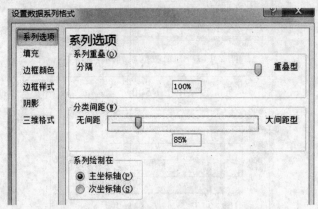

图 2-151 设置数据系列格式－改变图宽度

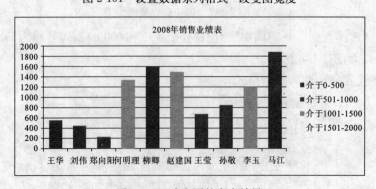

图 2-152 改变图的宽度效果

13. 右击第一个方框图，选择"设置数据系列格式"→"填充"→"纯色"，选择蓝色。其余几个图柱方法一样，效果如图 2-153 所示。

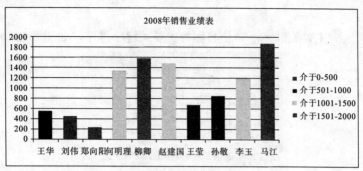

图 2-153　改变图的图柱颜色

14. 右击图表区域，单击"设置绘图区格式"→"填充"→"渐变填充"，如图 2-154 所示，设置"颜色"和"方向"，最终效果如图 2-155 所示，关闭。

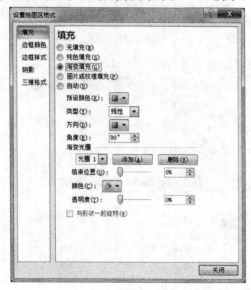

图 2-154　设置绘图区格式

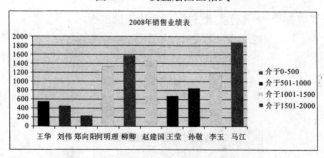

图 2-155　最终效果图

三、实训题目 3

根据"素材 3"给定的数据，在答题 3 工作表中分别统计出不同地区、不同物品销售数量和销售金额的和，显示结果如"素材 3"中的"结果样例 1"所示；并将结果样例显示的 2 级汇总结果数据提取出来，复制到"答题 4"工作表中，形式如"结果样例 2"。

实训步骤：

1. 先以地区为主要关键字，物品名称为次要关键字排序，如图 2-156 所示。

图 2-156　排序

2. 单击"数据"→"分类汇总"，如图 2-157 所示。

图 2-157　分类汇总对话框

3. 再次单击"数据"→"分类汇总"，如图 2-158 所示。

图 2-158　分类汇总对话框（不勾选替换）

4. 选择物品名称，替换当前分类汇总不选，确定。

5. 分别点"3"、"2"，相应结果就是答案，如图 2-159 所示。

3 4		A	B	C	D
	1	地区	物品名称	销售数量	销售金额（万元）
+	4		打印机 汇总	40	21
+	6		扫描仪 汇总	70	30
+	9		微机 汇总	110	120
	10	北京 汇总		220	171
+	12		扫描仪 汇总	20	15
+	14		微机 汇总	60	68
	15	南京 汇总		80	83
+	17		打印机 汇总	30	10
+	19		扫描仪 汇总	50	10
+	22		微机 汇总	170	170
	23	上海 汇总		250	190
+	25		打印机 汇总	40	20
+	27		微机 汇总	100	80
	28	天津 汇总		140	100
	29	总计		690	544

图 2-159   分类汇总效果图－单击 3 后效果

2 3 4		A	B	C	D
	1	地区	物品名称	销售数量	销售金额（万元）
+	10	北京 汇总		220	171
+	15	南京 汇总		80	83
+	23	上海 汇总		250	190
+	28	天津 汇总		140	100
	29	总计		690	544

图 2-160   单击 2 后效果图

Excel 实训项目 B11

根据题目要求，查阅"Excel 2007 素材"文件夹中"Excel 复赛题.xls"文件，并在指定的工作表中保存操作结果，最后将结果文件保存到上述指定的文件夹中。注意：该部分的素材与答题均在"Excel 复赛题.xls"文档中，请注意工作表名称的提示。

一、实训题目 1

"素材 1"表中存放了学生成绩。请在"答题 1"表中将成绩单表中"学生编号"、"平均成绩"、"平均成绩等级"列内容补充完整，结果如"素材 1"表中"结果样例"图所示。要求："平均成绩"、"平均成绩等级"列内容采用函数进行计算得出，直接填写结果不得分。

实训步骤：

1. 选中学生编号列，单击"数字"启动器，设置为"文本"。在 A3 中输入"00101"，拖动自动填充柄可完成学生编号的输入。

2. 平均成绩单元格 F3 中输入公式：＝AVERAGE（C3：E3），然后拖动自动填充柄填充。

3. 平均成绩等级单元格 G3 中输入公式：＝IF（F3＞＝90，" 优"，IF（F3＞＝80，" 良"，IF（F3＞＝70，" 中"，IF（F3＞＝60，" 及格"，" 不及格"))))），然后拖动自动填充柄填充。最后效果如图 2-161 所示。

图 2-161   最后效果图

二、实训题目 2

"素材 2"为某单位离职人员信息表，请根据该数据在"答题 2"工作表中制作如"素材 2"中所示"样例 1"表格，利用函数统计出各种离职原因的人员数量。再根据统计结果，制作各种离职人员统计图表，效果如"素材 2"中"图表样例"所示。

实训步骤：

1. 计算离职人数，单元格 C25 中输入公式：= SUMIF（＄D＄3：＄D＄22，B25，＄E＄3：＄E＄22），然后拖动自动填充柄进行填充即可，效果如图 1-162 所示。

离职原因	离职人数
出国	10
继续学习	10
旷工	3
调转工作	9
生病	6
不明原因	5

图 2-162   效果图

2. 选定 B24:C30，单击"插入"→"柱形图"→"簇状圆柱图"，得到初始柱形状图，如图 2-163 所示。

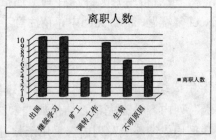

图 2-163   初始图

3. 单击"图表工具"→"布局"，选择"系列'离职人数'"，单击"设置所选内容格式"→"填充"→"依数据点着色"，如图 2-164 所示，着色效果如图 2-165 所示。

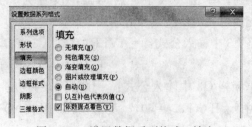

图 2-164   设置数据系列格式-填充

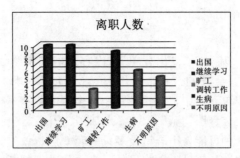

图 2-165　依数据点着色效果

4．单击"布局"→"图例"→"无"，单击"数据标签"→"其他数据标签选项"→"标签选项"，选择"值"，如图 2-166 所示。

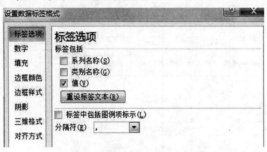

图 2-166　设置数据标签格式-值

5．右击图边缘，单击"设置图表区域格式"→"填充"→"渐变"。

6．单击标题，修改标题为"各种离职原因人数统计图"，最后设置标题的填充色为白色。另外三种标签的填充色也为白色即可，如图 2-167 所示，最后作图效果如图 2-168 所示。

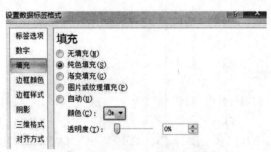

图 2-167　设置数据标签的填充色-白色

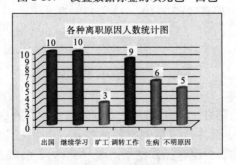

图 2-168　作图结果

三、实训题目 3

在"答题 3"工作表中制作"支出凭单",内容及格式参照"素材 3"表中的"支出凭单样例"。要求根据大写金额的数目,采用 IF、MID、RIGHTB 等函数自动计算小写金额的数目并显示在指定单元格中,直接填写小写金额的数字不得分。

分析:由于有"零"、"壹"、"贰"、"叁"、"肆"、"伍"、"陆"、"柒"、"捌"、"玖"共 10 个数,所以共有 10 种可能,if 语句最多只能套 6 层,就是说"伍"以后无法识别,所以需要在其后面加了"&"符号,再写另外一个语句进行判断。制作好的"支出凭单"效果如图 2-169 所示。

图 2-169　效果图

实训步骤:

输入公式为:= IF (MIDB (RIGHTB (B3,4),1,2) =" 零",0,IF (MIDB (RIGHTB (B3,4),1,2) =" 壹",1,

IF (MIDB (RIGHTB (B3,4),1,2) =" 贰",2,IF (MIDB (RIGHTB (B3,4),1,2) =" 叁",3,

IF (MIDB (RIGHTB (B3,4),1,2) =" 肆",4,IF (MIDB (RIGHTB (B3,4),1,2) =" 伍",5,""))))))

& IF (MIDB (RIGHTB (B3,4),1,2) =" 陆",6,IF (MIDB (RIGHTB (B3,4),1,2) =" 柒",7

,IF (MIDB (RIGHTB (B3,4),1,2) =" 捌",8,IF (MIDB (RIGHTB (B3,4),1,2) =" 玖",9,"")))) 。

Excel 实训项目 B12

请根据要求完成下列题目。注意:问题 1~5 的素材与作答区域均在"Office 2007 决赛操作题 2. xls"文档中。请注意数据表标签的提示,并根据题目编号,查阅相应的素材,并在指定的作答数据表中保存操作结果。素材文件列表:52-1. gif、图标. jpg、期末成绩表. txt。举例:第 1 题涉及的素材保存在标签为"1-素材"数据表中,第 1 题的操作结果保存在标签为"1-回答"、显示为蓝色的工作表中。

一、实训题目 1

请参照"1-素材"工作表中的"九九乘法表.jpg"制作 Excel 数据表，并保存在标签为"1-回答"的工作表中。要求从 B2:J10 区域中的 81 个单元格都要填入公式，并且在更改 A2:A10 和 B1:J1 区域内的数字时 B2:J10 区域内容要随之变化。在仿照"1-素材"样式完成基本要求后，请设计第二个转置（上三角）乘法表。效果如图 2-170 所示。

	A	B	C	D	E	F	G	H	I	J
1		1	2	3	4	5	6	7	8	9
2	1	1×1=1								
3	2	2×1=2	2×2=4							
4	3	3×1=3	3×2=6	3×3=9						
5	4	4×1=4	4×2=8	4×3=12	4×4=16					
6	5	5×1=5	5×2=10	5×3=15	5×4=20	5×5=25				
7	6	6×1=6	6×2=12	6×3=18	6×4=24	6×5=30	6×6=36			
8	7	7×1=7	7×2=14	7×3=21	7×4=28	7×5=35	7×6=42	7×7=49		
9	8	8×1=8	8×2=16	8×3=24	8×4=32	8×5=40	8×6=48	8×7=56	8×8=64	
10	9	9×1=9	9×2=18	9×3=27	9×4=36	9×5=45	9×6=54	9×7=63	9×8=72	9×9=81

图 2-170　效果图

实训步骤：

B2 中输入公式：= $A2&" ×"&B$1&" ="&（$A2*B$1）。

此题分析为先写出 B2 中的公式：=A2 & " ×" & B1 & " =" & （A2*B1），公式再写出 C3 中的公式：=A3 & " ×" & C1 & " = " & （A3*C1）。比较 B2:C3，其中的公式要求 A2:A3，则在 A2 加上 $" A2"，B1:C1，必须变为 B$1。

则公式应写为：= $A2 & "×" & B$1 & "=" & （$A2*B$1）。然后分别拖动即可，另外的题往另一个方向拖动。

二、实训题目 2

请参照"2-素材"工作表中的图片中的数据完成图表。要求通过公式运算计算工作表中的"增长率"（"增长率"是四季度相比于一季度增长的比值），并使用条件格式功能将"增长率<0"的单元格背景设置为灰色。根据数据表情况，在同一工作表制作一幅与样图一样的图表。

实训步骤：

1. 在 F2 单元格中输入公式：=（E2−B2）/B2，设置格式百分数"％"。

2. 选中增长率数据区域：F2:F7，单击"开始"→"条件格式"。单击"只为包含以下内容的单元格设置格式"，选择"小于"，数值填写"0"，单击"格式（F）…"，如图 2-171 所示。

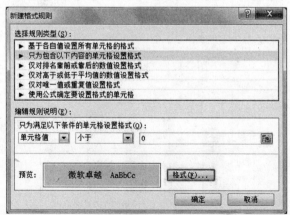

图 2-171　条件格式对话框

3. 单击"填充"，选择背景色为"灰色"，确定，如图 2-172 所示。

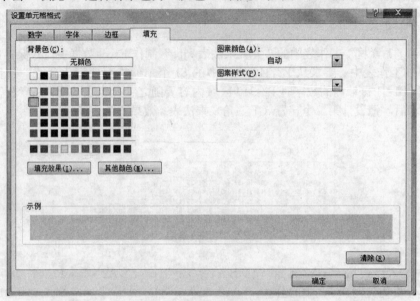

图 2-172　单元格格式对话框-填充

4. 先选中 A3:E3、A5:E5 数据区域，单击"插入"→"簇状柱形图"，如图 2-173 所示。

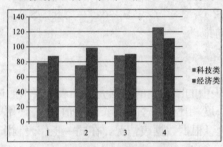

图 2-173　源数据对话框

5. 单击"图表工具"→"设计"→"选择数据源"→"水平（分类）轴标签"→"编辑"。选择轴标签区域为 B1:E1，改变水平轴标签如图 2-174 所示，作用效果如图 2-175 所示。

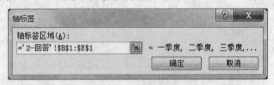

图 2-174　轴标盒对话框

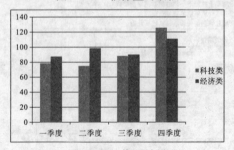

图 2-175　作图效果

6. 增加纵轴的标签。单击"坐标轴标题"→"主要纵坐标轴标题"→"旋转过的标题"。输入"万元单击经济类的柱形图,效果如图 2-176 所示。

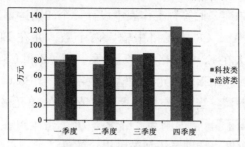

图 2-176　选择经济类

7. 单击经济类,单击"设计"→"更改图表类型"→"折线图",如图 2-177 所示。

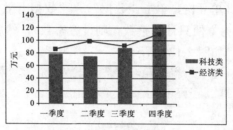

图 2-177　调整图表样式

8. 增加标题。单击"布局"→"图表标题",输入"两类图书销售对比",如图 2-178 所示。

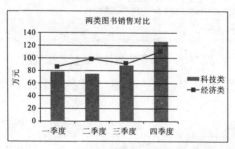

图 2-178　设置数据系列格式

9. 右击经济类图,单击"设置数据系列格式"→"填充"→"纯色"→"紫色"。单击经济类线条,右击,单击"设置数据系列格式"→"数据标记选项"→"内置",选择类型: ◇ ▼,再设置"数据标记填充"为黄色。效果如图 2-179 所示。

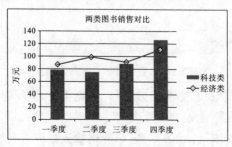

图 2-179　数据系列对话框

三、实训题目 3

请参照"3-素材"，在"3-回答"工作表中设计一个四则运算兴趣练习小游戏。

游戏规则：一人在 A8、C8 单元格中输入两个数，并在 B8 单元格中填入运算符（+、－、*、/），另一人在 E8 单元格中填写答案。当 A8 和 C8 中没有输入数字或输入非数字时提示"请在 A8（或 C8）单元格内输入数字"，当 B8 单元格中空白时提示"请在 B8 单元格输入运算符号"，当 E8 空白时提示"请在 E8 单元格输入答案"，当 E8 中正确输入答案时提示"太棒了"，错误则为"继续努力"。考生可在完成以上要求的基础上对提示方式进一步添加效果，特别是添加鼓励提示效果。

实训步骤：

1. 同时选中 A8、C8 单元格，单击"数据"→"数据有效性"，在数据选项卡中设置数据类型为"整数"（为方便只计算整数，则设置整数），然后，在介于中输入数据最大值 999 和最小值－100，如图 2-180 所示。

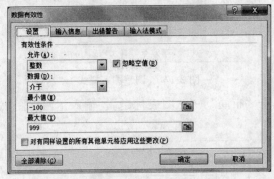

图 2-180　数据有效性－设置数据范围

2. 选择"提示信息"选项卡，输入信息"请在 A8（或 C8）单元格内输入数字"，如图 2-181 所示。

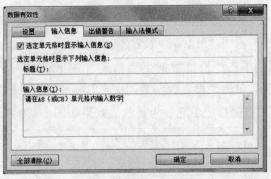

图 2-181　数据有效性－输入信息

3. 选中 B8 单元格，执行"数据有效性"，数据类型选择"序列"，并勾选下拉箭头，去掉"负略空值"，在输入栏输入"+"、"－"、"×"、"/"。

4. 在输入信息中输入提示："请在 B8 单元格输入运算符号"。

5. 在 D8 单元格输入单引号＝（即 '＝），则出现"＝"。

6. 设置 E8 单元格数据有效性，数据类型选择"非空"。

7. 在 G8 输入公式（注意，E8 要手动输入结果，所以，不能在 E8 中输入公式，只能在另一个单元格判断结果，这是 Excel 的特点）：=IF（AND（B8=" +"，A8+C8=E8)，"太棒了"，IF（AND（B8=" -"，A8-C8=E8)，"太棒了"，IF（AND（B8=" *"，A8*C8=E8)，"太棒了"，IF（AND（B8=" *"，A8*C8=E8)，"太棒了"，"继续努力"))))。最后效果如图 2-182 和图 2-183 所示。

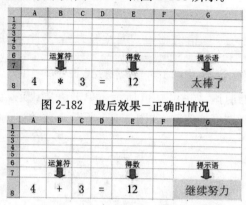

图 2-182　最后效果-正确时情况

图 2-183　最后效果图-出错时情况

四、实训题目 4

请参照"4-素材"，在"4-回答"工作表中完成下列操作。

输入"4-素材"中原始数据表内容，在其右侧完成：①利用数据透视表，按性别求出各门成绩的平均值；②利用数据透视表，按代表队求出数学的最高分和语文的最低分；③利用数据透视表，按专项、性别求出英语的最高分和最低分；④利用数据透视表，以性别作为列字段，专项作为行字段，姓名做数据项，代表队作为页字段，求出按代表队、按性别、按专项的人数统计。（注意：每一小题结果前加上小题序号。）

（一）实训步骤方案 1

1. 输入数据后，将数据分别复制到"4.1"、"4.2"、"4.3"、"4.4"表中。回到 4.1 表，选中全部数据，单击"数插入"→"数据透视表"。选择放置数据透视表的位置 J1，单击"确定"，如图 2-184 和图 2-185 所示。

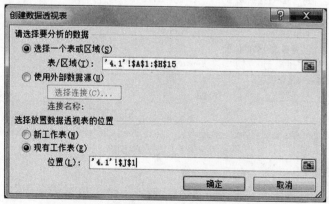

图 2-184　数据透视表-数据区域与放置位置

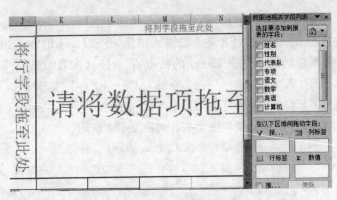

图 2-185 数据透视表设计

2. 将"性别"拖动到行，如图 2-186 所示。单击语文 求... ▼，出现菜单"值字段设置"，"计算类型"选择"平均值"，如图 2-187 所示。数学、英语、计算机同理操作。

图 2-186 改求和为平均

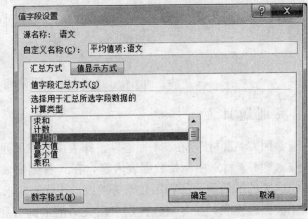

图 2-187 值字段设置—平均值

3. 确定后效果如图 2-188 所示。

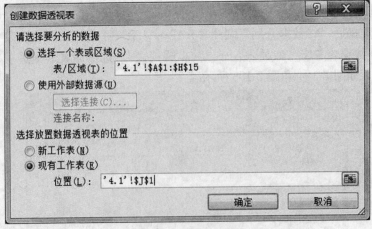

图 2-188 最后效果图

（二）实训步骤方案 2

1. 选择 4.2 表，选中全部数据，单击"插入"→"数据透视表"，将"代表队"选中，选中"数学"，设置为最大值，再单击"语文"，设置为最小值，如图 2-189 所示。

图 2-189　数据透视表－设计

（三）实训步骤方案 3

在选项表中，设置"专项"为行，"性别"为列，拖动两次"英语"，双击后分别设置最大值项与最小值项，如图 2-190 所示。

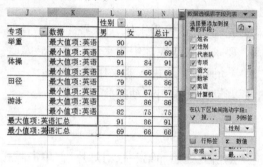

图 2-190　数据透视表－设计

（四）实训步骤方案 4

先切换到 4.4 表中，选中全部数据，单击"插入"→"数据透视表"，将"专项"拖动到报表筛选，将"性别"拖动到列标签，将"代表队"拖动到行标签，将"姓名"拖动到数据区域，如图 2-191 所示。

图 2-191　数据透视表－设计

第三部分 PowerPoint 实 训

PowerPoint 实训项目 A1

一、实训题目

打开 A1.ppt 演示文稿，完成下列动画制作。

1. 将幻灯片版式切换为空白版式。

2. 插入基本形状中的笑脸，笑脸形状颜色填充为渐变效果中的"漫漫黄沙"，大小为高 4 厘米，宽为 4 厘米。

3. 添加艺术字"欢迎光临"，设置为宋体，96 号。

4. 给笑脸添加动画，要求进入从底部中速飞入，飞入后隐藏。

5. "欢迎光临"艺术字动画设置为进入时采用轮子动画。

6. 调整动画播放顺序，动画间采用自动播放。

二、实训步骤

1. 打开文件，单击"单击此处添加第一张幻灯片"，单击版式"开始"→"幻灯片"组→"版式"→"空白"。

2. 单击"插入"→"形状"→"基本形状"→"笑脸"，拖动。右击，选择"大小和位置"，设置高度和宽度都为 4 厘米，单击"关闭"，如图 3-1 所示。

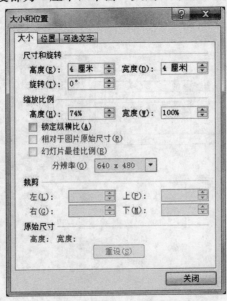

图 3-1 大小和位置对话框

3. 右击笑脸，选择"设置形状格式"→"填充"→"渐变填充"→"预设颜色"→"漫漫黄沙"→"关闭"。

4. 选中"笑脸"，单击"动画"→"自定义动画"→"添加效果"→"进入"→"飞入"，"速度"选择中速；单击 1 ⚡ 笑脸 3 ▼右侧的向下箭头，选择"效果"选项，"动画播放后"选项，选择"插入动画后隐藏"，如图 3-2 所示。

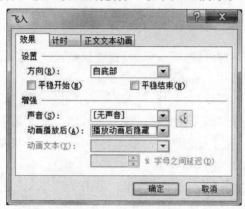

图 3-2 飞入效果选项

5. 单击"插入"→"艺术字"→"渐变填充强调文字颜色 6"，输入一个字"欢"，选中此艺术字，设置大小为 96。设置动画，单击"添加效果"→"进入"→"轮子"。

6. 选择笑脸→复制→粘贴。再选中艺术字"欢"，复制，粘贴，修改文字为"迎"。类似制作后面的笑脸与艺术字，注意先后次序。注意在动画设置中，都将"开始"调为"之后"。

7. 分别将四个字拖动到四个笑脸上。

图 3-3 效果图

PowerPoint 实训项目 A2

一、实训题目

打开 A2. ppt 演示文稿，完成下列动画制作。

1. 将幻灯片版式切换为空白版式，背景格式设置为素材中的"图片 1"。

2. 插入素材中的"图片 2"、"图片 3"，将"图片 3"置于底层，设置宽度为 25.5 cm，对齐为左右居中，上下居中，放置到合适的位置，形成画卷未展开的效果，设置两张图片进入动画为淡出、中速。再为"图片 3"添加路径：向右、中速，调整路径形成画卷展开的效果。

3. 插入文本框添加文字"天道酬勤"，文字设置为华文行楷、100 号、文字阴影，文字间需添加一个空格，对齐方式为左右居中、上下居中，进入动画为擦除、自左侧、快速。

二、实训步骤

1. 打开文件，单击"单击此处添加第一张幻灯片"，单击版式"开始"→"幻灯片"组→"版式"→"空白"。

2. 单击"设计"→"背景样式"→"设置背景格式"→"填充"→"图片或纹理填充"→"文件"，找到"图片 1.jpg"，单击"插入"→"关闭"。

3. 单击"插入"→"图片"，选择"图片 2"，单击"插入"，同理插入"图片 3"。

4. 右击图片 3，选择"置于底层"。右击图片 3，设置其宽度为 25.5 厘米。单击"图片工具"→"格式"，在"排列"组中单击对齐 ，选择"左右居中"、"上下居中"。同时图片 2 设置为上下居中。

5. 单击图片 2，设置自定义动画为淡出，单击图片 3，设置自定义动画为淡出，两者都在开始"之前"。同时还要对图片 3 设置动作路径，单击"添加效果"→"动作路径"→"向右"，拖动开始点与结束点的位置与大小。

6. 单击"插入"→"艺术字"，输入"天道酬勤"，字体颜色为黑色，字体为华文行楷、100 号、阴影，字间有一个空格。单击"对齐"工具，设置对齐为左右居中、上下居中。添加动画为擦除，设置方向为自左侧，快速。效果图如图 3-4 所示。

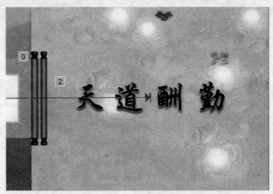

图 3-4　效果图

PowerPoint 实训项目 A3

一、实训题目

打开 A3.ppt 演示文稿，完成下列动画制作。

1. 将幻灯片版式切换为空白版式，背景格式设置为素材中的"图片 1"。

2. 插入文本框添加文字"Seasons change"，文字设置为黑体、70 号、加粗、文字阴影、彩色，进入动画设置为淡出式回旋、中速，插入形状选择五角星，形状填充为红色，形状轮廓为无，透明度为 60%，进入动画设置为旋转、水平、慢速，要求两动画同步。

3. 插入形状直线粗细为 6 磅，线形为划线－点，颜色为紫色，进入动画设置为擦除、自左侧（水平线）/自顶部（垂直线）、中速，插入自定义动作按钮四个，添加文字"春"、"夏"、"秋"、"冬"，文字设置为华文隶书，40 号，形状样式分别为强烈效果－强调颜色 3、强烈效果－强调颜色 5、强烈效果－强调颜色 6、强烈效果－强调颜色 4，要求四个动画同步，再为四个按钮添加动作设置，使得单击可链接到相应季节的幻灯片上。

4. 新增幻灯片，分别将素材中的"图片 2"到"图片 5"作为背景格式，在每张幻灯片中插入自定义按钮。返回，文字设置为华文隶书、40 号，形状样式为强烈效果－强调颜色 2，为按钮添加动作设置，使得单击可返回第一张幻灯片。

二、实训步骤

1. 打开文件，单击"单击此处添加第一张幻灯片"，单击版式"开始"→"幻灯片"→"版式"→"空白"。

2. 单击"设计"→"背景样式"→"设置背景格式"→"填充"→"图片或纹理填充"→"文件"，找到"图片 1. jpg"，单击"插入"→"关闭"。

3. 单击"插入"→"形状"→"文本框"，输入："Seasons change"，设置为黑体、70 号、加粗、阴影。选中字母"S"，设置颜色为红色，依次选中后面的字母，分别设置相应的颜色。

4. 选定文本框，单击"动画"→"自定义动画"→"添加效果"→"进入"→"淡出式回旋"→"中速"。

5. 单击"插入"→"形状"→"五角星"，拖动画出五角星，单击"绘图工具"→"格式"，"形状填充"选择红色，"形状轮廓"选择无。

6. 右击五角星，选择"设置形状格式"→"填充"，"透明度"选择 60%，单击"关闭"。选中五角星，拖动其中的黄点可以改变五角星的形状。

7. 单击"动画"→"自定义动画"→"添加效果"→"旋转"，"开始"选择"之前"，"速度"选择"慢速"。将五角星复制成多份，拖动到不同的位置。

8. 单击"插入"→"形状"→"直线"，画一直线。单击"绘图工具"→"格式"→"形状轮廓"，"粗细"选择 6，单击"形状轮廓"→"虚线"→"划线－点"。单击"形状轮廓"，选择颜色为紫色。

9. 添加动画。"添加效果"选择擦除，中速，"方向"选择自左侧。同理作竖线。

10. 单击"插入"→"形状"→"动作按钮"→"自定义"，拖动画出，出现"动作按钮对话框"，单击"取消"。

11. 右击动作按钮，编辑文字，输入"春"，选中动作按钮，设置字体为隶书，40号，单击"格式"→"形状样式"组中的"强烈效果－强调颜色 3"。设置动画，"添加效果"选择淡出，"开始"选择"之后"。

12. 将"春"复制粘贴后，修改为"夏"、"秋"、"冬"，但在"开始"处，调整为"之后"，这样四个按钮会同时出现。

13. 插入新幻灯片 4 张，单击第 2 张幻灯片，单击"设计"→"背景样式"→"设置背景格式"→"图片或纹理填充"→"文件"，选择"图片 2"。

14. 单击"插入"→"形状"→"动作按钮"→"自定义"，拖动，出现"动作按钮"对话框，单击"取消"。

15. 右击动作按钮，编辑文字，输入"返回"，选中动作按钮，设置字体为隶书、40号，单击"格式"→"形状样式"→"强烈效果-强调颜色 2"。

16. 第 3~5 张幻灯片与第二张完全类似，这里不再讲解。

PowerPoint 实训项目 A4

一、实训题目

打开 A4. ppt 演示文稿，完成下列动画制作。

1. 将幻灯片版式切换为空白版式，背景格式设置为素材中的"图片 1"。

2. 插入声音文件"高山流水. mp3"，自动播放，播放时隐藏图标。

3. 插入素材中的"图片 2"，旋转角度为 175 度，进入动画设置为飞入、自右上部、中速，形成蘸墨后提笔写字的效果，为其通过自由曲线绘制自定义路径，速度为 14 秒，取消路径的平稳开始、平稳结束，形成毛笔写字的效果。

4. 插入多个文本框按行填入文字"在人生的大海中，作为舵手的我们虽然不能掌握风的大小，但却可以调整帆的方向!"，文字设置为华文行楷、60 号、加粗，进入动画均设置为擦除、自左侧、慢速，文本框动画径与路径同步，并为文本框分别设置延迟为 0秒、4 秒、8 秒、12 秒。

5. 再次插入素材中的"图片 2"，放置到合适位置，进入动画设置为飞入、自右下部、快速，形成写完放笔的效果，最后将所有文本框置于底层。

二、实训步骤

1. 打开文件，单击"单击此处添加第一张幻灯片"，单击版式"开始"→"幻灯片"→"版式"→"空白"。

2. 单击"设计"→"背景样式"→"设置背景格式"→"填充"→"图片或纹理填充"→"文件"，找到"图片 1. jpg"，单击"插入"→"关闭"。

3. 单击"插入"→"声音"→"文件中的声音"→"高山流水"，单击"自动"播放，开始时间选择"之前"，单击"效果"→"声音设置"，选中"幻灯片放映时隐藏声音图标"，如图 3-5 所示。

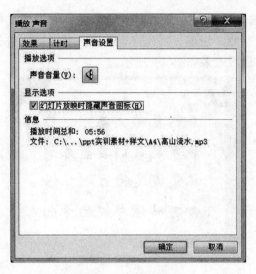

图 3-5　声音设置

4. 单击"插入"→"图片",选择"图片 2.jpg"。

5. 单击"图片工具"→"格式"→"排列"→"旋转"→"其他旋转选项","旋转"选择 175 度。

6. 单击"动画"→"自定义动画"→"添加效果"→"进入"→"飞入","方向"选择自右上部,"速度"选择"中速"。

7. 单击"添加效果"→"动作路径"→"绘制自定义路径"→"曲线"。绘制如图 3-6 所示的曲线。速度输入 14 秒。

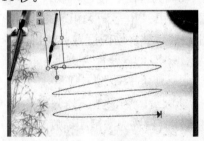

图 3-6　效果图

8. 单击对象图片 3 右侧的下拉按钮,选择"效果",取消"平稳开始"和"平稳结束"。还要设置"动画播放后"为播放动画后隐藏,如图 3-7 所示。

图 3-7　定义路径对话框

9. 插入文本框，输入"在人生的大海中"，设置字体为华文行楷、60 号、加粗，动画效果设置为擦除、自左侧、慢速。将此进行复制，粘贴，并进行修改。后三个分别延迟 4 秒、8 秒、12 秒。最后效果如图 3-8 所示。

图 3-8　最后效果图

PowerPoint 实训项目 A5

一、实训题目

打开 A5.ppt 演示文稿，完成下列动画制作。

1. 将幻灯片版式切换为空白版式，背景格式设置为渐变中的"金色年华"。

2. 插入"图片 1"，进入动画为弹跳、慢速，插入文本框"当年我们还很小的时候，父母教会了我们"，文字设置为隶书、40 号、加粗、文字阴影，进入动画为楔入、中速。

3. 插入"图片 2"、"图片 3"，进入动画设置为淡出，并为"图片 2"添加强调动画为忽明忽暗，插入文本框"吃饭"，文字设置为隶书、40 号、加粗、文字阴影，进入动画设置为淡出式缩放。

4. 插入"图片 4"，进入动画设置为淡出，插入文本框"穿衣"，文字设置为隶书、40 号、加粗、文字阴影，进入动画设置为淡出式缩放。

5. 插入"图片 5"，进入动画设置为淡出，插入文本框"学习"，文字设置隶书、40 号、加粗、文字阴影，进入动画设置为淡出式缩放。

6. 新增幻灯片，插入音乐《常回家看看》作为背景音乐。

7. 插入"图片 6"，进入动画设置为淡出，插入文本框"当他们已不再年轻，我们能做的……"，文字设置为隶书、40 号、加粗、文字阴影，进入动画设置为淡出式缩放。

8. 调整动画播放顺序，动画间采用自动播放。

二、实训步骤

1. 打开文件，单击"单击此处添加第一张幻灯片"，单击版式"开始"→"幻灯片"组→"版式"→"空白"。右击幻灯片→"设置背景格式"→"填充"→"预设颜色"→"金色年华"。

2. 单击"插入"→"图片"，选择"图片 1"。单击"动画"→"自定义动画"→

"添加效果"→"弹跳"→"慢速"→"播放开始"→"之前"。单击"插入"→"形状"→"文本框",输入"当年我们还很小的时候,父母教会了我们",设置为隶书、40号、加粗、文字阴影。单击"添加效果"→"进入"→"楔入"→"中速"→"播放开始"→"之后"。

3. 单击"插入"→"图片",选择"图片2",单击"添加效果"→"进入"→"淡出",再单击"添加效果"→"强调"→"忽明忽暗",再插入"图片3",设置动画为淡出。单击"插入"→"形状"→"文本框",输入"吃饭",设置为隶书、40号、加粗、文字阴影。单击"添加效果"→"进入"→"淡出式缩放"。注意动画设置播放开始为"之后"。

4. 插入"图片4"及文本框,设置方法同上。

5. 插入"图片5"及文本框,设置方法同上。

6. 单击"开始"→"新幻灯片",背景设置同上,单击"插入"→"声音"→"文件中的声音",选择"常回家看看.mp3"。设置"效果选项"→"隐藏图标"。注意动画的播放开始时选择"之前"。

7. 插入"图片6",方法设置同上。注意动画的播放开始时选择"之前"。制作效果如图3-9所示。

图 3-9　制作效果图

PowerPoint 实训项目 A6

一、实训题目

打开 A6.ppt 演示文稿,完成下列动画制作。

1. 将幻灯片版式切换为空白版式。

2. 设置幻灯片背景为填充效果中的渐变填充,类型为矩形,方向为中心辐射,渐变光圈1采用白色,结束位置为30%,光圈2采用蓝色,结束位置为100%。

3. 插入声音文件"音乐.mp3"作为背景音乐。播放到整个幻灯片结束。

4. "四川师大"4个字设置为艺术字,按先后次序在幻灯片中央播放,文字为黑体、240号。

5. 动画播放时，"四川师大"4个字依次进入，动画为中速缩放，从屏幕中心放大播放，播放后自动隐藏。

6. 插入一个整体的"四川师大"艺术字，动画设置为中速螺旋飞入，播放后自动隐藏，文字设置为黑体、90号。

7. 再插入一个整体"四川师大"艺术字，形状效果为映像中的"半映像，接触"，进入动画为中速回旋，文字为黑体、100号。

8. 设置单击鼠标时"四川师大"几个字颜色变为黄色。

9. "SCSD"艺术字进入动画为中速，从底部开始出现直到屏幕顶部，文字为黑体、140号。

二、实训步骤

1. 打开文件，单击"单击此处添加第一张幻灯片"，单击版式"开始"→"幻灯片"组→"版式"→"空白"。

2. 右击，选择"设置背景格式"→"填充"→"渐变填充"，"类型"为矩形，"方向"为中心辐射，渐变光圈1采用白色，结束位置为30％，光圈2采用蓝色，结束位置为100％，如图3-10和图3-11所示。

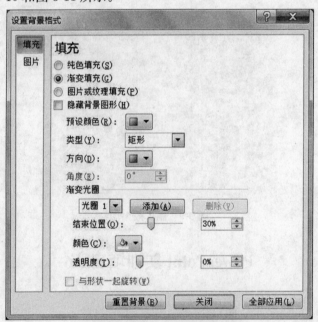

图 3-10　设置背景格式对话框

图 3-11　背景效果

3. 单击"插入"→"声音","文件中的声音"选择"音乐.mp3",设置其动画的效果选项为隐藏图标,停止播放为当前幻灯片之后。

4. 插入艺术字"四",设置字体为黑体、240 号,同时插入艺术字"川"、"师"、"大",格式与"四"相同。

5. 为"四"添加动画:中速、缩放,从屏幕中心放大播放,再设置其效果选项:播放后自动隐藏。其他几个字与之相同。

6. 插入一个整体的"四川师大"艺术字,进行动画设置为中速螺旋飞入,播放后自动隐藏,文字设置为黑体、90 号。

7. 再插入一个整体的"四川师大"艺术字,形状效果为映像中的"半映像,接触",进入动画为中速回旋,文字为黑体、100 号。

8. 单击鼠标,"四川师大"几个字颜色变为黄色。

9. "SCSD"艺术字进入动画为中速,从底部开始出现直到屏幕顶部,文字为黑体、140 号。制作效果如图 3-12 所示。

图 3-12　制作效果图

PowerPoint 实训项目 B1

一、PowerPoint 2007 操作题

参照"PowerPoint 2007 复赛操作题.exe"样例文件,根据下列要求制作演示文稿,并将演示文稿保存为"PowerPoint 2007 复赛操作题.ppt"。

素材文件:男女评价数据对比情况.xls、bg.mp3。

制作要求:

1. 第 1 页:插入艺术字"PowerPoint 2007 复赛操作题"。

2. 第 2 页:参照 exe 样例文件,制作第 2 页。单击每一项文字提示,可以进入相应幻灯片进行演示。

3. 第 3 页:参照 exe 样例文件,制作"ITAT"幻灯片。字体颜色可以自行设计,注意色彩的协调性。

4. 第 4 页:参照 exe 样例文件,利用素材"男女评价数据对比情况.xls"的数据,制作"图表动画"幻灯片。

5. 第 5 页:参照 exe 样例文件,制作"危险提示"幻灯片。

6. 为演示文稿添加幻灯片编号："第 1 页"、"第 2 页"……，并显示在幻灯片右上角。

7. 为第 3~5 页幻灯片添加返回第 2 页的动作按钮。

8. 为演示文稿添加连续播放的背景音乐"bg. mp3"，要求从第 1 页开始自动播放，并在幻灯片放映过程中循环播放至放映结束。

二、实训步骤

1. 新建 PowerPoint 演示文稿。单击"开始"→"幻灯片"→"版式"→"空白"，如图 3-13 所示。单击"开始"→"幻灯片"，单击"新建幻灯片"按钮 4 次，插入 4 张幻灯片，如图 3-14 所示。单击幻灯片第 1 页，右击后在快捷菜单中选择"设置背景格式"命令，在"设置背景格式"对话框中选择"填充"标签下的"纯色填充"，如图 3-15 所示，设置颜色为样文中的淡紫色后关闭。同理设置第 2 页和第 5 页的背景为淡紫色。单击幻灯片第 3 页，右击后在快捷菜单中选择"设置背景格式"命令，在"设置背景格式"对话框中选择"填充"标签下的"渐变填充"，如图 3-16 所示，设置类型为"矩形"，方向为第四个图形的"角部辐射"，渐变光圈为"光圈 1"，颜色为"深蓝色"，结束位置为"100％"。接下来渐变光圈选择为"光圈 2"，颜色为"蓝色"，结束位置为"0"。删除多余的光圈。设置完后单击"关闭"按钮。

图 3-13　空白版式设置

图 3-14　新建幻灯片

图 3-15　填充效果

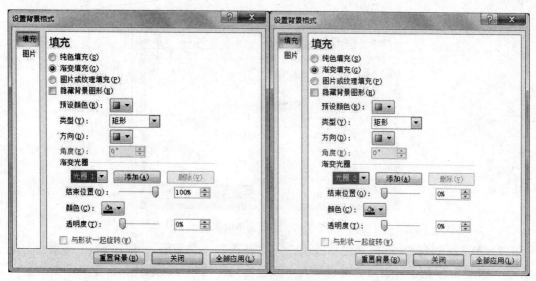

图 3-16 渐变填充

2. 第 1 页的艺术字标题制作。由于 PowerPoint 2003 与 PowerPoint 2007 的艺术字库有很大的不同，但是竞赛题样文由 PowerPoint 2007 制作。PowerPoint 2007 的艺术字库与 Word 2007 的艺术字库相同，所以建议打开 Word 2007 制作艺术字后粘贴到 PowerPoint 2007 中，以节约时间。打开 Word 2007，单击"插入"→"文本"→"艺术字"，在出现的"艺术字库"列表中选择第 3 行第 2 列艺术字格式后确定，在接着出现的"编辑艺术字文字"对话框中输入文字"PowerPoint 复赛操作题"，设置字体为黑体、加粗后确定。选择艺术字，复制后粘贴到 PowerPoint 2007 相应的位置，调整为合适的大小。单击"动画"→"动画"→"自定义动画"，如图 3-17 所示，在出现的"自定义动画"窗格中单击"添加效果"按钮，设置标题的进入方式为"翻转式由远及近。"右击动画，选择"动画效果"命令，将图 3-18 所示的对话框中的动画效果标签中的动画文本设置为"整批发送"。

图 3-17 自定义动画

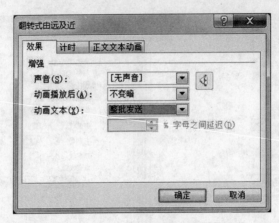

图 3-18　动画文本效果

　　3.　第 2 页幻灯片制作。单击"开始"→"绘图"→"矩形"，按住 Shift 键画一个正方形，如图 3-19 所示，设置为纯色填充，颜色为与样文相近的绿色。自定义动画的进入方式为"缩放"，显示比例为"放大"，也可设置进入方式为"盒状"，方向为"缩小"。复制方形 2 份，粘贴到幻灯片下方。单击"插入"→"文本"→"文本框"，插入一个横排文本框。输入文字"ITAT"，设置相应的字符格式（如 72、加粗、蓝色）；动画进入方式设置为"擦除"，方向为"自左侧"。复制 2 份，修改文字和字符格式。复制绿色方形 1 份，设置纯色填充颜色为黄色。再复制黄色方形 2 份，并将黄色方形放于蓝色方形的上面。效果如图 3-20 所示。

图 3-19　插入矩形按钮

图 3-20　第 2 页幻灯片样文

　　4.　第 3 页幻灯片制作。画一个横排文本框，输入两个"ITAT"，在两个"ITAT"之间留一个空格，设置相应的字符格式（如 Arial Black、80、白色、加粗）；复制 2 份文本框，其中一份文本框中的文字颜色设置为相应的彩色，另一份修改内容为"−"。自定义动画设置，彩色文字文本框的进入方式为"擦除"，方向为"自左侧"，白色文字文本框的进入方式为"出现"，开始为"之前"，彩色文字文本框的强调方式为"波浪形"，速度为"快速"，"−"文本框的进入方式为"螺旋飞入"，白色文字文本框的强调方式为"忽明忽暗"，并在其效果选项的"计时"标签中设置重复 3 次。将 2 个文本框文字重叠放在一起，白色放上面，彩色放在白色的下面，"−"文本框放中间。若顺序不对，可以在快捷菜单中设置叠放次序，如图 3-21 所示。也可以在"开始"选项卡的"绘图"组中的"排列"命令中设置叠放次序。效果如图 3-22 所示。

图 3-21　绘图组中的排列命令　　　　图 3-22　文本框的内容样文

5. 第 4 页图表动画制作。单击"开始"→"绘图"→"版式"→"标题和内容"，在标题处输入文字"男女评价数据对比情况"，设置为华文琥珀、44 号及相应的字体颜色。在内容处单击"插入图表"按钮，在如图 3-23 所示的"插入图表"对话框中选择柱形图中的"簇状圆柱图"后确定。拖拽区域的右下角，调整图表数据区域的大小。复制素材文件"男女评价数据对比情况"表格数据。选择第一个单元格，单击"粘贴"按钮将内容粘贴到图表数据中，删除不用的数据后关闭数据表。选择图表，单击"设计"→"数据"→"选择数据"，在出现的如图 3-24 所示的"选择数据源"对话框中单击"切换行/列"按钮后确定。

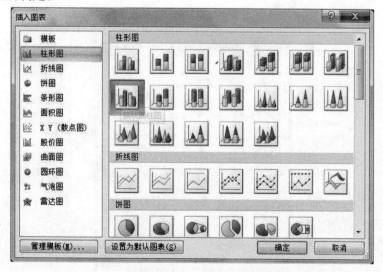

图 3-23　插入图表对话框

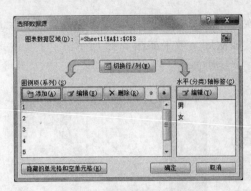

图 3-24　选择数据源对话框

6. 关闭数据源的 Excel 表。单击选择图例，在快捷菜单中选择"设置图例格式"命令，在如图 3-25 所示的"设置图例格式"对话框中的"图例位置"中选择"底部"。右击图表，在快捷菜单中选择"三维旋转"命令，在出现的对话框中设置三维旋转数据，如图 3-26 所示。选择同一系列的圆柱，在快捷菜单中选择"设置数据系列格式"命令，在"设置数据系列格式"对话框中设置填充效果为"纯色填充"，同时设置为相应的颜色后关闭。设置图表的自定义动画，图表的进入方式设置为"擦除"。然后在擦除的效果选项中设置图表动画标签下的组合图表为"按系列"，如图 3-27 所示。标题的自定义动画设置强调方式为"波浪形"，速度为"快速"。画一个矩形，填充相应的颜色，设置其进入方式为"飞入"，叠放在图表下面。

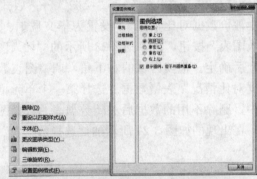

图 3-25　设置图例格式对话框

图 3-26　设置三维旋转

图 3-27　擦除的效果选项

7. 第 5 页危险提示制作。画一个横排文本框，输入文字"危险！"，设置相应的字符格式（如黄色、100），设置其动画的进入方式为"出现"。画一个八角形，设置形状填充颜色为红色，形状轮廓为黑色，线条粗细为 4.5 磅，如图 3-28 所示。设置自定义动画的进入方式为"缩放"。右击"自定义动画"窗格中的八角形动画，在快捷菜单中选择"效果选项"命令，在出现的如图 3-29 所示的对话框的"计时"标签中设置重复为"3"次。在幻灯片中右击八角形，在如图 3-30 所示的快捷菜单中选择"置于底层"命令下的"下移一层"或"置于底层"命令。添加文字"危险！"的进入方式为"缩放"，显示比例为"轻微放大"，重复 3 次，并将文字放在八角形上面。

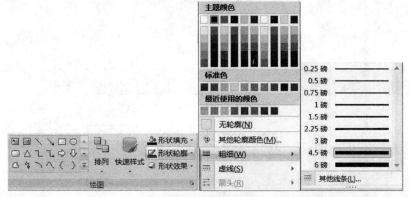

图 3-28　设置线条的颜色与粗细

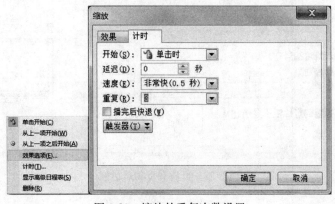

图 3-29　缩放的重复次数设置

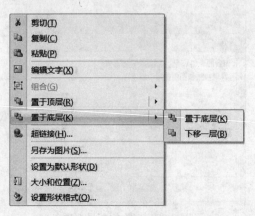

图 3-30　置于底层命令

8．添加幻灯片编号。单击"插入"→"文本"→"幻灯片编号"命令，如图 3-31
所示，然后在出现的如图 3-32 所示的"页眉和页脚"对话框中勾选"幻灯片编号"后单
击"全部应用"按钮，编号就插入到了右下角的数字区。单击"视图"→"演示文稿视
图"→"幻灯片母版视图"，如图 3-33 所示，进入幻灯片母版视图编辑状态，将右下角
的数字区移动到右上角，在编号的前后分别输入"第"和"页"字，设置为相应的字符
格式后关闭幻灯片母版视图。

图 3-31　幻灯片编号按钮

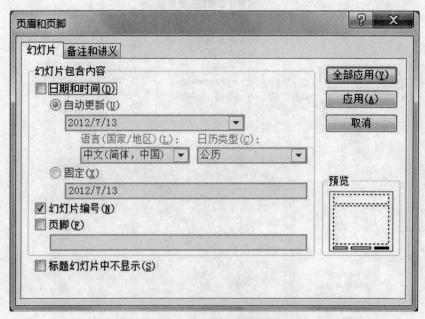

图 3-32　页眉和页脚对话框

图 3-33 幻灯片母版按钮

9. 插入超链接。选择第 2 页幻灯片的第 1 个文本框，单击"插入"→"链接"→"超链接"，在如图 3-34 所示的"插入超链接"对话框中设置链接到"本文档中的位置"，然后选择相应幻灯片后确定。同理选择其他文本框，设置相应的超链接。

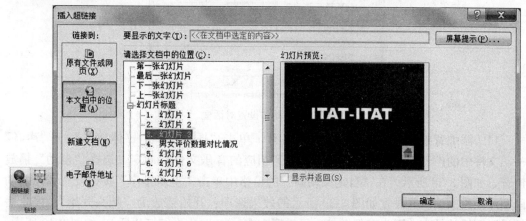

图 3-34　编辑超链接对话框

10. 添加动作按钮。选择第 3 页幻灯片，单击"开始"→"绘图"→"更多"，选择动作按钮中的第 5 个，如图 3-35 所示。在出现的如图 3-36 所示的"动作设置"对话框中选择超链接到幻灯片 2 即可。同理添加其他动作按钮。

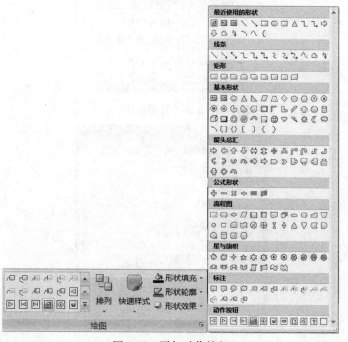

图 3-35　添加动作按钮

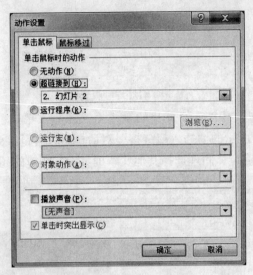

图 3-36　动作设置对话框

11. 添加背景音乐。选择第 1 页幻灯片，单击"插入"→"媒体剪辑"→"声音"
→"文件中的声音"，如图 3-37 所示。找到相应的音乐文件后确定，选择"自动"播放
声音，如图 3-38 所示。在"自定义动画"的窗格中单击"重新排序"按钮设置音乐的动
画顺序在最前面。并设置如图 3-39 所示的效果选项：开始播放为"从头开始"；停止播
放设置到播放结束〔因为有超链接，可设置在多（如 20）张幻灯片后〕。如图 3-40 所示，
将声音设置为"幻灯片放映时隐藏声音图标"。

图 3-37　插入声音

图 3-38　自动播放

图 3-39　播放设置

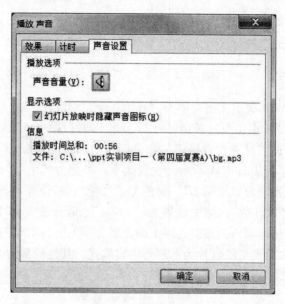

图 3-40　声音设置

PowerPoint 实训项目 B2

一、实训题目

参照"PowerPoint 2007 素材"文件夹中的"演示文稿复赛题样例. exe"文件，利用提供的素材，根据下列要求制作演示文稿，并将演示文稿命名为"PowerPoint 复赛题. ppt"保存到上述指定的文件夹中。

制作要求：

1. 第 1 页：插入艺术字"环境保护"，样式类型如样例。

2. 第 2 页：参照样例第 2 页内容、形式，及播放的动画效果制作该页。设置单击"大气污染"链接到第 3 页，单击"土壤污染"链接到第 4 页。

3. 第 3 页：参照样例第 3 页内容和动画效果制作该页，设置样例中的动作按钮链接到第 2 页。

4. 第 4 页：参照样例第 4 页内容和动画效果制作该页。

5. 第 5 页：参照样例第 5 页内容和动画效果制作表格幻灯片。

6. 第 6 页：参照样例第 6 页内容、图表类型和动画效果，根据给定"图表素材. xls"中的数据，制作图表幻灯片。

7. 第 7 页：参照样例第 7 页内容和动画效果，制作该页幻灯片。

8. 为演示文稿每页幻灯片添加编号，形式如"1/7"，并显示在幻灯片右下角；每页幻灯片添加当前日期内容，并显示在幻灯片左下角；每页幻灯片添加"地球"的标志，并显示在左上角。

9. 设置幻灯片切换方式，如样例所示。

10. 在演示文稿第 1 张幻灯片中插入素材中提供的"星光夜语.mp3"音频文件，并将其作为演示文稿播放时的背景音乐。

二、实训步骤

1. 新建 PowerPoint 演示文稿，单击"开始"→"幻灯片"→"新建幻灯片"，插入 6 页幻灯片。单击幻灯片第 1 页，单击"开始"→"幻灯片"→"版式"→"空白"，右击后在快捷菜单中选择"设置背景格式"命令，在"设置背景格式"对话框中选择"填充"下的"渐变填充"，如图 3-41 所示。设置如下：类型为"矩形"，方向为选项中的第三种中心辐射，渐变光圈为"光圈 1"，颜色为"红色"，接下来将渐变光圈选择为"光圈 2"，设置颜色为"黄红色"，结束位置为"100％"。若渐变光圈下还有其他光圈，选择后单击"删除"按钮删除，只保留光圈 1 和光圈 2。单击"全部应用"到所有幻灯片后关闭。设置第 3、4 和第 6 页幻灯片为标题与内容版式，其他的都为空白版式。

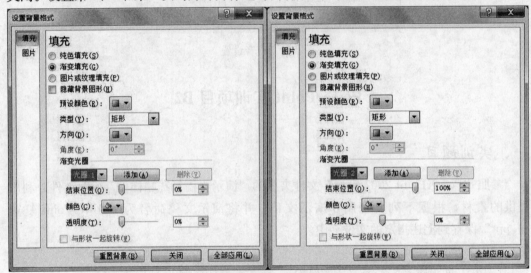

图 3-41　渐变填充效果

2. 第 1 页的艺术字标题制作。由于 PowerPoint 2007 与 PowerPoint 2003 的艺术字库有很大的不同，但是竞赛题样文由 PowerPoint 2007 制作。PowerPoint 2007 的艺术字库与 Word 2007 的艺术字库相同，所以建议打开 Word 2007 来制作艺术字后粘贴到 PowerPoint 2007 中，以节约时间。打开 Word 2007，单击"插入"→"文本"→"艺术字"，在出现的"艺术字库"列表中选择第 3 行第 4 列艺术字格式后确定，在接着出现的"编辑艺术字文字"对话框中输入文字，设置字体为华文行楷后确定。在"格式"选项卡的"艺术字样式"组中设置艺术字的形状填充颜色为紫色，形状轮廓颜色为黄色，艺术字样文如图 3-42 所示。选择艺术字，调整相应的大小，复制后粘贴到 PowerPoint 2007 相应的位置。

图 3-42　艺术字样文

3. 第 2 页幻灯片制作。单击"开始"→"绘图"→"椭圆"，画一个椭圆，旋转一定角度，如样文所示。设置形状填充颜色为无，形状轮廓颜色为蓝色，粗细为 5 磅，其动画的进入方式为"擦除"，方向为"自顶部"。再画一个椭圆，设置形状填充颜色为黄色，形状轮廓颜色为黑色，添加文字并设置相应的字符格式（华文行楷、32 号）。其动画的进入方式为"旋转"，速度为"非常慢"。选择该动画右击，在快捷菜单中选择"效果选项"命令，在"计时"标签中设置重复为"直到幻灯片末尾"，如图 3-43 所示。复制 4 份，修改文字，放到相应的位置。选择有"环境污染"文字的椭圆，更改动画的进入方式为"擦除"，方向为"自左侧"。

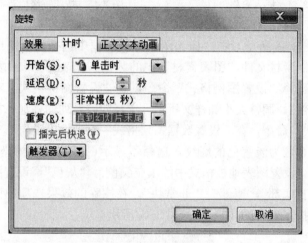

图 3-43　重复设置

4. 第 3、4 页幻灯片制作。在幻灯片标题处输入相应的文字（如"大气污染"），设置动画的进入方式为"颜色打字机"，速度为"快速"。复制素材文件"演示文稿文本素材"中的相应内容到文本框中，设置字体颜色为白色，动画的进入方式为"颜色打字机"，速度为"快速"。插入"工厂"和"废气"的图片，设置"工厂"图片的进入方式为"菱形"，方向为"放大"，速度为"快速"，退出方式为"消失"。设置"废气"图片的进入方式为"圆形扩展"，方向为"放大"，速度为"中速"，开始为"之前"。同理设置第 4 页幻灯片，不同处是设置"干旱"、"沙化"图片的进入方式为"菱形"，方向为"缩小"，速度为"中速"，开始为"之前"。

5. 第 5 页表格制作。复制第 4 页的标题，修改文字即可。单击"插入"→"表格"→"表格"，如图 3-44 所示。插入 4 行 3 列的表格，输入表格标题，设置表格的进入方式为"擦除"，方向为"自顶部"，速度为"非常快"。画一个文本框，输入文字"全球变暖"，设置为蓝色；设置文本框的进入方式为"擦除"，方向为"自顶部"，速度为"非常快"。复制 8 份，修改文字，分别设置字体颜色，修改动画的进入方式的方向，放在表格中相应的位置。部分动画需要设置方向为"自左侧"，组合文本"按第一级段落"播放，如图 3-45 所示。

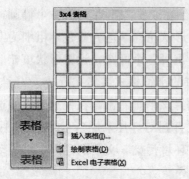

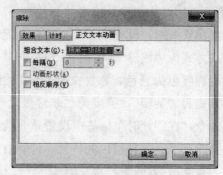

图 3-44　插入表格　　　　　　　　　图 3-45　按第一级段落播放

6. 第 6 页图表动画制作。复制第 5 页的标题，修改文字即可。单击"插入"→"插图→"图表"，如图 3-46 所示，在"插入图表"对话框中选择柱形图中的"三维堆积柱形图"后确定。复制素材文件"图表素材"中的数据到图表的 Excel 数据表中。选择图例，在快捷菜单中选择"设置图例格式"命令，在"设置图例格式"对话框中的"图例位置"中选择"底部"，调整大小如样文所示。选择同一系列的柱形，在快捷菜单中选择"设置数据系列格式"命令，在"设置数据系列格式"对话框中设置填充颜色为相应的颜色后关闭。设置图表区为淡蓝色的底纹，选择不显示的部分（如横坐标轴文字等），按 Delete 键将其清除。设置图表地板格式中的填充颜色为"灰色"，设置图表的进入方式为"擦除"，方向为"自底部"，速度为"非常快"，在擦除的效果选项中设置图表动画标签下的组合图表为"按系列中的元素"，如图 3-47 所示。

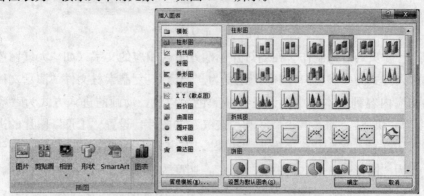

图 3-46　插入图表

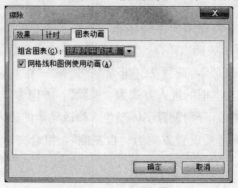

图 3-47　图表的效果选项

7. 第 7 页幻灯片设置。分别插入"大海"、"牧场"、"海底世界"和"白云"4 张图片。将图片拖放至与幻灯片相同大小。设置 4 张图片的动画进入方式为"盒状",方向为"缩小",速度为"快速"。设置前 3 页幻灯片的效果为"播放后动画隐藏",如图 3-48 所示。插入"美丽家园"的艺术字,设置其动画的进入方式为"擦除",方向为"自左侧",速度为"非常快"。

图 3-48　隐藏效果设置

8. 母版设置。单击"插入"→"文本"→"日期和时间",如图 3-49 所示,然后在如图 3-50 所示的对话框中选中幻灯片编号、日期和时间及其下面的自动更新,单击"全部应用"按钮,这样就在幻灯片左下角插入了日期,右下角插入了幻灯片编号。单击"视图"选项卡"演示文稿视图"组中的"幻灯片母版视图"按钮,进入幻灯片母版视图编辑状态,在幻灯片母版中插入"地球"的图片在母版的左上角。然后在右下角的编号后输入"/7"或插入总页数后关闭幻灯片母版视图。

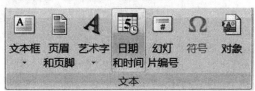

图 3-49　插入日期和时间

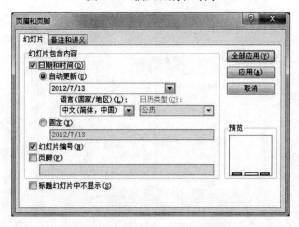

图 3-50　插入自动更新的日期

9. 设置幻灯片切换。选择第 1 页幻灯片，单击"动画"→"切换到此幻灯片"，选择相应的幻灯片切换（如阶梯状向左上展开），如图 3-51 所示。同理设置其他幻灯片的切换方式。

图 3-51　幻灯片切换

10. 添加背景音乐。选择第 1 页幻灯片，单击"插入"选项卡的"媒体剪辑"组中的"声音"下的"文件中的声音"命令，找到相应的音乐文件后确定，选择"自动"播放声音，如图 3-52 所示。在"自定义动画"的窗格中设置音乐的效果选项，如图 3-53 所示：开始播放为从头开始；停止播放设置到播放结束〔因为有超链接，可设置在 n 张（$n \geqslant$幻灯片张数）幻灯片后〕。声音设置如图 3-54 所示，为"幻灯片播放时隐藏声音图标"。

图 3-52　自动播放

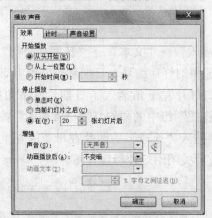

图 3-53　播放设置

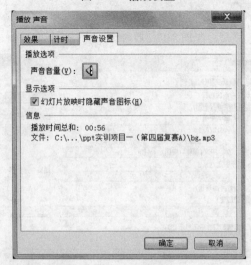

图 3-54　声音设置

第四部分 基本概念训练

一、Word 基本概念训练

（一）、单项选择题

1. 在 Word 2007 中，下列说法正确的是（ ）。

   A. 位于界面最上方的蓝色长条区域，用于显示文件的名称与存储路径，称为标题栏

   B. 执行"视图"命令，单击"标尺"，在文本编辑区上边和下边会显示标尺

   C. 状态栏中会显示已经打开的 Word 文档的当前文档页码、文档总共的节数、文档的总页码、文档的作者、当前光标的位置信息

   D. Word 2007 一般默认安装在"Program Files"/"Microsoft Office"/"Office12"子文件夹下

2. 在 Word 2007 中，执行（ ）命令进行设置，可以插入艺术字。

   A. "视图"→"艺术字"   B. "插入"→"艺术字"

   C. "引用"→"艺术字"   D. "开始"→"艺术字"

3. 下列关于 Word 2007 视图的描述中，说法正确的是（ ）。

   A. Web 版式视图对输入、输出及滚动命令的响应速度要快于其他视图

   B. 在普通视图中，可以显示页边距与页眉页脚信息

   C. 在阅读版式视图中，执行"视图"→"增大文本字号"不能改变字体的实际大小

   D. 在大纲视图中，执行"大纲"→"文档结构图"可以在文档窗口左侧显示文档中所有的标题

4. 在 Word 2007 中，同时查看文档的上下窗口，需执行以下（ ）命令。

   A. "视图"→"冻结"   B. "视图"→"拆分"

   C. "视图"→"文档结构图"   D. "开始"→"拆分"

5. 下列关于 Word 2007 文档内容操作的描述中，说法正确的是（ ）。

   A. 按住键盘中的 Shift 键，再敲击；键，可以实现分号的输入

   B. 执行 Ctrl+Save 组合键可以对文件进行保存

   C. 执行菜单栏中的"Office 按钮"→"Word 选项"，在弹出的"选项"对话框中单击"编辑"，勾选中"自动保存时间间隔"，就可以设置两次自动保存之间的间隔时间

   D. 执行菜单栏中的"Office 按钮"→"Word 选项"，在弹出的"选项"对话框中单击"高级"选项卡，勾选中"列出最近所用的文件"，可以设置最近所用文

件的显示数目，最多可以显示 50 个

6. 如图 4-1 所示，在 Word 2007 文档中选取竖块文本的方法是，按住键盘中的（　　）键，按住鼠标向上或者向下拖拽。

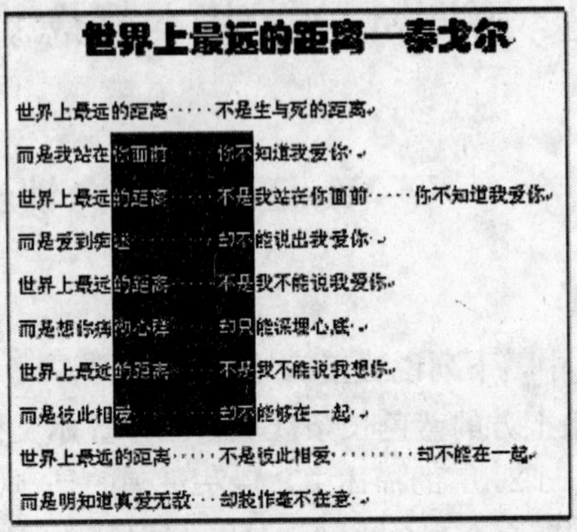

图 4-1

    A. Ctrl   B. Alt   C. Shift   D. Fn

7. 在 Word 2007 中的"页眉和页脚"工具栏上，"转至页眉/页脚"图的功能是（　　）。

    A. 在页眉和页脚编辑状态下切换   B. 将不同节之间的页眉和页脚链接

    C. 在光标所在处插入文档的总页数   D. 显示或者隐藏文档的主要文字

8. 在 Word 2007 中，利用"绘图"工具绘制一个矩形，可以为矩形设置的"填充效果"不包括（　　）选项。

    A. "渐变"   B. "对比度"   C. "图案"   D. "纹理"

9. 在 Word 2007 中，在插入点位于表格的最后一行的最后一单元格时，点击 Tab 键的效果是（　　）。

    A. 在同一单元格里建立一个文本新行

    B. 产生一个新列

    C. 增加一新行，并将插入点移到新的一行的第一个单元格

    D. 将插入点移到第一行的第一个单元格

10. 已知在 Word 2007 文档中制作了带有斜线表头的表，如图 4-2 所示，该斜线表头的行标题是（　　）。

分　　　课　程 学　数　号	语文	数学	英语
05123001	90	93	88
05123002	80	85	79

图 4-2

    A. 课程   B. 分数   C. 学号   D. 语文

11. 在 Word 2007 中插入艺术字，可执行（   ）命令。

    A.“插入”→“样式”→“艺术字”　　　B.“插入”→“插图”→/“艺术字”

    C.“插入”→“文本”→“艺术字”　　　D.“插入”→“符号”→“艺术字”

12. 下列关于 Word 2007 模板和样式的描述中，说法正确的是（   ）。

    A. 样式包含段落、字符、表格、列表、图片 5 种类型

    B. Word 2007 中只内置了一个 Normal 模板

    C. 段落样式中不仅包括字体类型和字号，还包括段落对齐、缩进、上下间距等格式

    D. 可以新建样式

13. 在 Word 2007 中，按照用途可以将域分为（   ）类。

    A. 6　　　　　　　B. 7　　　　　　　C. 8　　　　　　　D. 9

14. 下列关于 Word 2007 的描述中，说法正确的是（   ）。

    A. 邮件合并功能只能用于创建个性化窗体信函和地址标签

    B. 样式是指文档中标题的分级列表，样式可以体现不同标题之间的层次性，便于用户阅读

    C. 目录可以列出文档中的关键词及关键短语，以及它们所在的页码

    D. 自动生成图表目录的前提是在文档中插入题注

15. 在 Word 2007 中，“邮件合并”工具栏上的图标 📄 用于（   ）。

    A. 合并到电子邮件　　　　　　　B. 设置文档类型

    C. 查阅收件人　　　　　　　　　D. 插入域

16. 在 Word 2007 中，弹出“标记索引项”对话框的组合键是（   ）。

    A. Alt+Shift+X　　　　　　　　B. Alt+Shift+Z

    C. Ctrl+Shift+X　　　　　　　　D. Alt+Ctrl+X

17. 下列关于 Word 2007 的描述中，说法正确的是（   ）。

    A. 在文档中插入页眉时，系统默认在下面出现一条横线，可以执行“插入”→“边框和底纹”命令弹出对话框，在“边框”选项中取消横线的显示

    B. Word 2007 提供了 10 个大纲级别

    C. 更新域的快捷键是 Alt+F9

    D. 运用“插入”→“表格”工具栏，可以绘制不规则表格

18. 在 Word 2007 中，执行的（   ）命令可以在文档中添加对已插入图表题注的指向。

    A.“引用”→“题注”　　　　　　　B.“引用”→“题注”→“交叉引用”

    C.“插入”→“对象”→“题注”　　　D.“插入”→“引用”→“题注”

19. 在 Word 2007 文档中，选中表格中的一个单元格，执行菜单栏中的“表格”→“插入”→“单元格”命令，弹出“插入单元格”对话框，不属于该对话框的选项是（   ）。

    A.“活动单元格右移”　　　　　　B.“活动单元格左移”

    C.“整行插入”　　　　　　　　　D.“整列插入”

20. 在 Word 2007 中，执行三维列表框的"三维设置"命令，在弹出的"三维设置"对话框中，图标 ⬛ 的作用是（　　　）。

    A. 执行三维图形前后翻转　　　　　　　B. 编辑三维图形的深度

    C. 编辑三维图形的透视效果　　　　　　D. 编辑三维图形的不同质感效果

21. 在 Word 2007 中，执行菜单栏中的"插入"→"首字下沉"命令，弹出"首字下沉"对话框，"位置"选项中的 🖼 是指（　　　）位置类型。

    A. 下沉型　　　　　B. 紧密型　　　　　C. 悬挂型　　　　　D. 嵌入型

22. 在 Word 2007 中，将所选定的文字向右对齐的组合键是（　　　）。

    A. Ctrl+T　　　　　B. Ctrl+E　　　　　C. Ctrl+J　　　　　D. Ctrl+R

23. 在 Word 2007 中编辑文档时，使用工具栏上的"格式刷"按钮进行段落格式的复制时，要先选定（　　　）之后，再单击"格式刷"按钮。

    A. 整个段落的文字　　　　　　　　　　B. 段落中任意的一串文字

    C. 整个段落的文字和段落标记符　　　　D. 段落中末尾的文字和段落标记符

24. 在 Word 2007 中，以下说法不正确的是（　　　）。

    A. 在页面视图中，需要将脚注窗格打开，才可以看到脚注内容，返回文档状态时脚注内容不可见

    B. "单元格对齐方式"命令中，包含了 9 种对齐方式

    C. 给文档添加行号的操作方法是执行菜单栏中的"页面设置"对话框启动器，在弹出的"页面设置"对话框中单击"版式"选项，点击"行号…"按钮进行设置

    D. 在分栏操作中，可以进行不等栏宽分栏

25. 下列有关"Word 组合图形"的描述，正确的是（　　　）。

    A. 组合后的图形不能被裁剪　　　　　　B. 组合后的图形不能被复制

    C. 组合后的图形不能被再组合　　　　　D. 组合后的图形不能取消组合

26. 在 Word 2007"页面设置"对话框中，不能设置（　　　）。

    A. 正文的排列状态　　　　　　　　　　B. 每行中的字符数

    C. 每页中的行数　　　　　　　　　　　D. 每个文档中的页数

27. 下列有关 Word 段落编号的描述，错误的是（　　　）。

    A. 编号只能是阿拉伯数字形式　　　　　B. 编号只能位于段落第一行的左侧

    C. 一个段落最多只能有一个编号　　　　D. 自动创建的编号一定是连续的

28. 在 Word 2007 表格某单元格中，若要对第三行第一列和第四行第二列单元格中的数据求和，则其求和公式应为（　　　）。

    A. =A3:B4　　　　　　　　　　　　　　B. =C1+D2

    C. =SUM（A3，B4）　　　　　　　　　　D. =SUM（C1:D2）

29. 在 Word 2007 中，对于插入文档中的"椭圆"图形不能进行的操作是（　　　）。

    A. 裁剪　　　　　　　　　　　　　　　B. 旋转

    C. 缩放　　　　　　　　　　　　　　　D. 与其他图形进行组合

30. 在 Word 2007 编辑状态下，当状态栏中显示"插入"时，（　　　）。

   A. 不能输入任何字符

   B. 不能删除任何字符

   C. 可以输入和删除字符，但修改后的内容不能保存在文档中

   D. 以上三项都不对

31. 下列关于"选定 Word 对象操作"的叙述，不正确的是（   ）。

   A. 鼠标左键双击文本可以选定一个段落

   B. 将鼠标移动到该行左侧，直到鼠标变成一个指向右边的箭头，然后单击，可以选定一行

   C. 按 Alt 键的同时拖动鼠标左键可以选定一个矩形区域

   D. 执行"开始"→"编辑"→"选择"中的"全选"命令可以选定整个文档

32. 在 Word 中，鼠标左键单击"项目符号"按钮后，（   ）。

   A. 可在现有的所有段落前自动添加项目符号

   B. 仅在插入点所在段落前自动添加项目符号，对之后新增段落不起作用

   C. 仅在之后新增段落前自动添加项目符号

   D. 可在插入点所在段落和之后新增的段落前自动添加项目符号

33. 在 Word 2007 中，利用"格式刷"按钮（   ）。

   A. 只能复制文本的段落格式

   B. 只能复制文本的样式

   C. 只能复制文本的字体和字号格式

   D. 可以复制文本的段落格式、样式、字体和字号格式

34. 在某 Word 2007 文档中，A 和 B 是两个段落格式不同的段落，当从 A 段落中选择部分文字移至 B 段落后，则（   ）。

   A. B 的段落格式变为 A 的段落格式

   B. A 的段落格式变为 B 的段落格式

   C. A 和 B 的段落格式均不会改变

   D. A 的段落格式与 B 的段落格式相互对换

35. 在 Word 编辑状态下，选定一段文字后，若格式工具栏的"字号"框中显示的内容为空白，则说明（   ）。

   A. 被选定文字中的第一个字符的字号是 Word 默认字号

   B. 被选定文字中的最后一个字符的字号是 Word 默认字号

   C. 被选定文字的字号是 Word 中无法设定的字号，因此 Word 无法识别

   D. 被选定文字中含有两种以上的字号

36. 在 Word 中，用鼠标选定整个文档的操作是（   ）文本选定区。

   A. 四击   B. 三击   C. 双击   D. 单击

37. 在 Word 编辑状态下，下列不能打印输出的对象是（   ）。

   A. 页眉和页脚   B. 水平标尺和垂直标尺

   C. 边框和底纹   D. 文档属性信息

38. 下列关于"Word 文档打印"的描述，正确的是（   ）。

A. 每次打印操作必须打印整个文档内容

B. 对于一个多页文档，每次打印操作只能按页码正序进行

C. 打印操作只能打印文档内容，不能打印文档属性信息

D. 打印操作的最小单位是页，不是段落

39. 在 Word 2007 中，可以利用"扩展"功能选定文本，实现扩展功能的快捷键是（　　）。

   A. F6　　　　　　　B. F7　　　　　　　C. F8　　　　　　　D. F9

40. 在 Word 中，若需要频繁地调整文档结构，最好使文档处于（　　）视图状态。

   A. 大纲　　　　　　B. 页面　　　　　　C. 普通　　　　　　D. 打印预览

41. 在 Word 中，下列关于"页码"的叙述，正确的是（　　）。

   A. 页码必须使用阿拉伯数字

   B. 页码的位置必须位于文本编辑区的下方

   C. 页码只能是页脚的一部分

   D. 每一节内的页码必须是连续的

42. 在 Word 2007 中，可以改变叠放次序的对象是（　　）。

   A. 文本　　　　　　　　　　　　　B. 文本框

   C. 表格　　　　　　　　　　　　　D. 以上三项都不对

43. 在 Word 2007 编辑状态下，若当前的文本处于竖排状态，当选定若干文字后用鼠标左键单击"更改文字方向"按钮，则（　　）。

   A. 只有选定文字变成横排状态

   B. 只有选定文字所在的段落变成横排状态

   C. 文档中的所有文字均变成横排状态

   D. 会弹出一个对话框，由用户选择横排状态的作用范围

44. 在 Word 的下列符号中，（　　）。

   A. 分页符含有段落的格式信息，而分栏符、回车符不含有段落的格式信息

   B. 分栏符含有段落的格式信息，而分页符、回车符不含有段落的格式信息

   C. 回车符含有段落的格式信息，而分页符、分栏符不含有段落的格式信息

   D. 分页符、分栏符、回车符都含有段落的格式信息

45. 用"ATC"3 个英文字母输入来代替"微软授权培训中心"8 个汉字的输入，可（　　）。

   A. 用智能输入法实现

   B. 用"Word 选项"中的"拼写与语法"功能实现

   C. 用"Word 选项"中的"自动更正"功能实现

   D. 用 VB 编程实观

46. 每年的元旦，某信息公司要发大量的内容相同的信，只是信中的称呼不一样，为了不做重复的编辑工作，提高效率，可用（　　）功能实现。

   A. 邮件合并　　　B. 书签　　　　　C. 信封和选项卡　　　D. 复制

47. 有关"样式"命令，以下说法中正确的是（　　）。

A. "样式"只适用于文字，不适用于段落

B. "样式"命令在"引用"选项卡中

C. "样式"命令在"开始"选项卡中

D. "样式"命令只适用于纯英文文档

48. 在 Word 2007 的表格某单元格中，若要得到其上各行数据的总和，则（   ）。

A. 在"公式"对话框中的"公式"文本框中键入"=SUM（ABOVE）"并单击"确定"按钮即可

B. 在"表格计算"对话框中键入"上边各行求和"并单击"确定"按钮即可

C. 在该单元格中直接键入"=SUM（ABOVE）"并回车即可

D. 只能通过手工计算，再将得到的结果填入该单元格中

49. 在 Word 2007 中，下列关于模板的叙述正确的是（   ）。

A. 用户创建的模板，必须保存在"templates"文件夹下，才能通过新建文档窗口使用此模板

B. 用户创建的模板，可以保存在自定义的文件夹下，通过新建文档窗口可以调用此模板

C. 用户只能创建模板，不能修改模板

D. 对于当前应用的模板，用户可以对它的修改进行保存

50. Word 2007 中提供了快速访问工具栏，通常在窗口中显示的是常用的部分，要打开其他的工具栏，需执行（   ）操作。

A. 单击"插入"→"工具栏"　　　B. 单击"开始工具"→"工具栏"

C. 单击"加载项"→"工具栏"　　D. 单击快速访问工具右侧按钮，选择工具

51. 在 Word 2007 中，不属于图像与文本混排的环绕类型是（   ）。

A. 四周型　　　　B. 穿越型　　　　C. 上下型　　　　D. 左右型

52. 在 Word 2007 中，下列叙述不正确的是（   ）。

A. 要生成文档目录，首先为每一级标题使用相应的样式，然后执行"引用"→"目录"

B. 要生成索引，首先要标记索引项，然后执行"引用"→"插入索引"

C. "索引和目录"对话框中索引选项卡页面可以设置索引多栏显示

D. "索引和目录"对话框中目录选项卡页面可以设置目录多栏显示

53. 在 Word 2007 中，单击"Office 按钮"，会出现若干个文件名，它们是（   ）。

A. 当前已被打开的文件　　　　B. 最近被打开过的文件

C. 最近被删除的文件　　　　　D. 当前正被打印的文件

54. 在 Word 2007 文档编辑中，执行（   ）操作时，在制表位对话框能出现。

A. 单击制表位　　B. 单击标尺　　C. 按一下 Tab 键　　D. 双击制表位

55. Word 2007 中，在"插入"→"插图"命令中不可插入（   ）。

A. 控件　　　　B. 剪贴画　　　　C. SmartArt 图　　　D. 形状

56. 在 Word 2007 文本编辑状态，选取一段文本，执行"复制"命令后，可实现（   ）。

  A. 将剪贴板的内容复制到插入点处 B. 选定的内容复制到插入点处

  C. 选定的内容复制到剪贴板 D. 被选定的内容的格式复制到剪贴板

57. 在 Word 2007 工作窗口, 利用(　　　)可以直观地改变段落缩进格式和左右边界。

  A. 字体工具栏 B. 字号工具栏 C. 对齐工具 D. 水平标尺

58. 下列关于 Word 2007 文档操作的叙述错误的是(　　　)。

  A. Word 允许同时打开多个文档, 且打开的文档数目没有限制

  B. Word 可以将当前文档另存为一个纯文本文件

  C. Word 可以对同时打开的多个文档一起关闭

  D. Word 不仅可以打开 Word 文档, 也可以打开纯文本文件

59. 在 Word 2007 环境下, (　　　)选项卡中含有"插入页码"的命令。

  A. "开始" B. "插入" C. "审阅" D. "视图"

60. 在 Word 2007 中, 以下对表格操作的叙述错误的是(　　　)。

  A. 在表格的单元格中, 除了可以输入文字、数字, 还可以插入图片

  B. 表格的每一行中各单元格的宽度可以不同

  C. 表格的每一行中各单元格的高度可以不同

  D. 表格的表头单元格可以绘制斜线

61. 在 Word 2007 中, 将文档中所有英文词改为首字母大写, 下面(　　　)操作是正确的。

  A. "开始"→"替换"命令, 在其对话框选择"词首字母大写"

  B. "插入"→"更改大小写"命令, 在其对话框选择"每个单词词首字母大写"

  C. "格式"→"字体"→"更改大小写"命令, 在其对话框选择"每个单词首字母大写"

  D. 无法实现

62. 在 Word 2007 文档中, 行间距有三种定义标准, 一种是按倍数划分, 一种是(　　　), 还有一种是固定值。

  A. 默认标准 B. 最大值标准 C. 最小值标准 D. 段落标准

63. 为 Word 2007 添加文档背景, 下列叙述不正确的是(　　　)。

  A. 可以为 Word 文档添加单色、渐变色和图案纹理等背景

  B. 用户的图片文件可以作为 Word 文档的背景

  C. 文字水印可以添加为 Word 文档的背景

  D. Word 文档的背景不能设置为两种颜色的混合

64. 在 Word 2007 默认情况下, 输入单词出现拼写错误时, Word 提示错误的做法是(　　　)。

  A. 系统响铃, 提示出错 B. 在错误处出现绿色下划波浪线

  C. 在错误处出现红色下划波浪线 D. 自动更正

65. 在 Word 2007 中, 下列叙述不正确的是(　　　)。

  A. 位于界面最上方的蓝色长条区域, 用于显示文件的名称, 称为标题栏

B. 执行菜单栏的"视图"命令，点击"标尺"选项，在文本编辑区上边和左边会显示标尺

C. 状态栏中会显示已经打开的 Word 文档的当前文档页码、文档总共的节数、文档的总页码、文档的作者、当前光标的位置信息

D. Word 2007 程序一般默认安装在"Program Files"/"Microsoft Office"/"Office12"子文件夹下

66. 在 Word 2007 文档编辑区出现的闪烁粗竖线表示（   ）。

    A. 段落标记   B. 插入点   C. 鼠标光标   D. 文档编辑符

67. 在 Word 2007"打印预览"视图下，关闭"预览"状态回到"编辑"状态的按钮是（   ）。

    A. 显示比例   B. 放入同页   C. 关闭打印预览   D. 全屏显示

68. 在 Word 2007 文档中调整整个表格在页面中的位置，把光标置入表格中，选择右击表格的（   ）选项。

    A. 自动调整   B. 转换   C. 表格属性   D. 表格自动套用格式

69. Word 2007 中显示有页号、节号、页数、总页数等信息的是（   ）。

    A. 常用工具栏   B. 菜单   C. 格式栏   D. 状态栏

70. 在 Word 2007 文档编辑中，设置段落为首行缩进时，可以利用的工具是（   ）。

    A. 只有菜单命令   B. 标尺和菜单命令   C. 只有工具栏   D. 只有标尺

（二）、多重选择题

1. 在 Word 2007 中，执行"页面设置"→"分栏"命令，属于分栏操作预设的方式有（   ）。

    A. 一栏   B. 两栏   C. 居中   D. 偏左

2. 在 Word 2007 中，工具栏可以设置的段落对齐方式有（   ）。

    A. 居中   B. 左对齐   C. 两端对齐   D. 分散对齐

3. 在 Word 2007 中，执行"段落"对话框启动器弹出"段落"对话框，属于"行距"下拉框中选项的有（   ）。

    A. 单倍行距   B. 1.5 倍行距   C. 2 倍行距   D. 固定值

4. 在 Word 2007 中，执行"重新着色"→"颜色模式"提供的图像颜色显示包括（   ）效果。

    A. "自动"   B. "灰度"   C. "黑白"   D. "腐蚀"

5. 下列关于 Word 2007 的描述中，说法正确的有（   ）。

    A. 在邮件合并功能中，收件人可以从 Outlook 联系人中选择，也可以临时创建，Word 会以 Access 数据库和 Excel 电子表格方式对新创建的数据分别进行保存

    B. 当模板处于正在使用状态时，不能保存对它的更改

    C. 替换一篇文档中特定文字内容的组合键是 Ctrl+H

    D. 段落缩进的特殊格式有首行缩进和悬挂缩进两种方式

6. 下列选项中不属于 Word 2007"文档视图"组中基本视图的方式有（   ）。

  A. Web 版式视图   B. 缩略图视图

  C. 文档结构视图   D. 大纲视图

7. 在 Word 2007 中，将文本内容转化为表格时，可以作为分隔符的是（　　　）。

  A. 段落标记   B. 制表符   C. 空格   D. "&"

8. 文档文件与文本文件的主要区别是（　　　）。

  A. 是否允许插入打印格式控制符

  B. 是否允许插入排版格式控制符

  C. 是否允许含有汉字

  D. 是否具有通用性

9. 能调整页面大小的命令在（　　　）位置。

  A. "页面布局"选项卡→"页面设置"组中的"纸张大小"按钮

  B. "页面布局"选项卡→"页面设置"组中的"页边距"按钮

  C. 标尺

  D. "页面布局"选项卡→"页面设置"组中的"分栏"选项卡

10. Word 有"插入"和"改写"两种编辑状态，下列能够切换这两种编辑状态的操作是（　　　）。

  A. 按 Ins 键

  B. 按 Shift+Ins 键

  C. 用鼠标左键双击状态栏中的"改写"

  D. 用鼠标左键单击状态栏中的"改写"

11. 下列有关 Word 表格单元格的描述，正确的是（　　　）。

  A. 单元格的内容只能是汉字或数字

  B. 单元格中可以再插入一个表格

  C. 单元格的形状可以是诸如圆、菱形之类任意的形状

  D. 单元格的宽度和高度均可以改变

12. 在 Word 2007 中，可以利用组合功能将多个对象组合成一个整体图形，参与组合的对象可以是（　　　）。

  A. 文本框   B. 表格   C. 图片   D. 图形

13. 对 Word 文档中插入的图片可进行（　　　）操作。

  A. 移动图片   B. 改变图片尺寸

  C. 设置图片为水印效果   D. 设置图片的环绕方式

14. 下列关于页眉、页脚的描述正确的有（　　　）。

  A. 页眉、页脚不可同时出现

  B. 页眉、页脚的字体、字号为固定值，不能够修改

  C. 页眉默认居中，页脚默认左对齐，可改变它们的对齐方式

  D. 用鼠标双击页眉、页脚后可对其进行修改

15. 在 Word 中建立表格的方法有（　　　）。

  A. 利用"插入"→"表格"来插入表格

B. 利用工具进行手动绘制表格

C. 利用工具插入表格

D. 将文字转换成表格

16. 在 Word 2007 中，要为文档设置主题，在"主题"对话框中可以对选择的主题进行（　　）设置。

A. 可以选择"无主题"　　　　　　　B. 可以选择"鲜艳颜色"

C. 可以选择"活动图形"　　　　　　D. 可以选择"背景图像"

17. 在 Word 2007 中，可以采用（　　）的方式来排列图形对象。

A. 使用绘图画布来帮助布置图形

B. 使对象互相对齐或与文档的其他部分对齐

C. 将图形对象等距分布

D. 以上都正确

18. 关于 Word 2007 替换操作叙述正确的是（　　）。

A. 使用替换操作可以删除空格和回车

B. 使用替换操作可以将文档中某些文字删除

C. 使用替换操作可以对文档中某些字的字体、字号进行替换

D. 使用替换操作有时可以删除具有某种字体的字

19. 在 Word 2007 中，选中表格，执行"表格属性"命令，在弹出的"表格属性"对话框中，选择"表格"选项，对齐方式有（　　）。

A. 居中　　　　　　B. 左对齐　　　　　　C. 右对齐　　　　　　D. 分散对齐

20. Word 2007 打开文档的方式有（　　）。

A. 执行"Office 按钮"中的"打开"命令

B. 按 Ctrl+O 打开文档

C. 使用快速访问工具栏的"打开"按钮图标打开文档

D. 选定 Word 2007 文档名称，单击右键，选择"打开"命令

21. 在 Word 2007 中给文档加入页码，可以采用（　　）。

A. 在每页的最后一行上键入该页页码

B. "插入"中的"页码"命令对话框中进行设置

C. "插入"中的"脚注和尾注"对话框中进行设置

D. 双击－页眉或页脚位置，进行设置

22. 在 Word 2007 中，下列关于视图的叙述正确的是（　　）。

A. 页面视图是最为常用的显示方式之一，对输入、输出及滚动命令的响应速度比其他几种视图要快

B. 普通视图所显示出来的效果同打印出来的样式是一致的，精确地将文本、图形及其他元素显示在最终的打印文档中

C. 大纲视图提供了一个处理提纲的视图界面，能分级显示文档的各级标题，层次分明

D. 页面视图所显示出来的效果同打印出来的样式是一致的，精确地将文本、

图形及其他元素显示在最终的打印文档中

23. 在 Word 2007 中，样式包含（   ）等类型。

    A. 段落　　　　　B. 字符　　　　　C. 表格　　　　　D. 列表

24. 在 Word 2007 中，关于编辑页眉页脚的操作，下列叙述不正确的是（   ）。

    A. 文档内容和页眉页脚可在同一窗口编辑

    B. 文档内容和页眉页脚一起打印

    C. 编辑页眉页脚时不能编辑文档内容

    D. 页眉页脚中不可以进行格式设置和插入剪贴画

25. 在 Word 2007 中，执行"邮件"→"开始邮件合并"命令，弹出"邮件合并"下拉列表，在该下拉列表上可供选择的文档类型包括（   ）。

    A. 空白文档　　　B. 信函　　　　　C. 标签　　　　　D. 目录

【答案】

（一）、单项选择题答案

1～5：DBCBD　　　6～10：BABCA　　　11～15：CDDDB　　　16～20：ADBBB

21～25：CDCAA　　26～30：DACAD　　31～35：ADDCD　　36～40：BBDCB

41～45：DBCDC　　46～50：ACAAD　　51～55：DDBDA　　56～60：CDABC

61～65：CCDCC　　66～70：BCCDB

（二）、多重选择题答案

1：ABD　　　2：ABCD　　　3：ABCD　　　4：ABC

5：BCD　　　6：BC　　　　7：ABCD　　　8：ABD

9：BC　　　10：AD　　　11：BD　　　12：ACD

13：ABCD　　14：CD　　　15：ABCD　　16：ABCD

17：ABCD　　18：ABCD　　19：ABC　　　20：ABCD

21：BD　　　22：CD　　　23：ABCD　　24：AD

25：BCD

二、Excel 基本概念训练

（一）、单项选择题

1. 在 Excel 2007 中，快速关闭当前工作簿窗口的组合键是（   ）。

    A. Alt+F4　　　B. Alt+X　　　C. Ctrl+F4　　　D. Ctrl+X

2. 下列关于 Excel 2007 的描述中，说法不正确的是（   ）。

    A. 为不相邻的多个单元格填充相同数据的做法是：先按住键盘中的 Ctrl 键，选取需要填充数据的单元格，然后选定要输入数据的单元格并输入要填充的数据，最后按键盘中的 Ctrl+Enter 组合键，就可以在其他单元格自动填充上相同的数据

    B. Excel 2007 具有输入记忆功能，在同一数据列输入一个已经存在的单词或日

期，只需要输入单词或日期的开头部分，Excel 2007 会自动填写其余的部分

C. 工作簿底部的默认工作表数目最多可以设置 255 个

D. 按键盘中的 Ctrl+A 组合键，可以选定整张工作表，并且当前单元格为白色

3. 在 Excel 2007 中输入公式，下列写法中正确的是（ ）。

A. AVERAGE（E14:E18）

B. =COUNT（B8:B9，B11，B13）

C. A3 * 45+C9

D. =MIN（AVERAGE（B8:B12):AVERAGE（C8:C12)))

4. 在 Excel 2007 的数据透视表中，用于对整个数据透视表进行筛选的字段是（ ）。

A. 数据项　　　　　B. 页字段　　　　　C. 行字段　　　　　D. 列字段

5. 已知 Excel 2007 工作表如图 4-3 所示。要求根据商品的数量和单价，用数量乘以单价计算得到每种商品的合计总价。已知首先在单元格 D3 中输入了公式计算得到商品脸盆的合计总价为 2500，然后将单元格 D3 复制到单元格 D2 和 D4，为了正确计算出毛巾和暖水瓶的合计总价，则单元格 D3 中的公式可以输入（ ）。

	A	B	C	D
1	商品	数量	单价	合计
2	毛巾	230	3.5	
3	脸盆	500	5	2500
4	暖水瓶	300	18.6	

图 4-3

A. = $B3 * $C$3　　　　　　　　B. = $B3:C$3

C. = B3 * $C3　　　　　　　　　D. = SUM（$B3:$C3)

6. 已知 Excel 2007 的工作界面如图 4-4 所示，图中箭头所指区域称为（ ）。

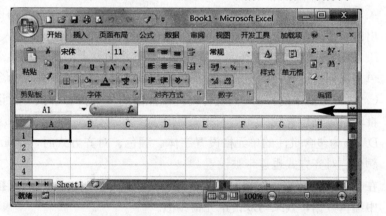

图 4-4

A. 名称框　　　　　B. 编辑栏　　　　　C. 工作单元格编辑区　　　　　D. 状态栏

7. 下列关于 Excel 2007 的描述中，说法正确的是（ ）。

A. 快速工具栏提供了"新建工作簿"，单击可以新建工作簿

B. 快速创建一个新工作簿的组合键是 Ctrl+O

C. 快速打开一个新工作簿的组合键是 Ctrl+S

D. Excel 2007 可以为工作簿设置至多 25 个字符的密码

8. 在 Excel 2007 中，单击单元格区域中第一个单元格，然后按住键盘中的（   ）键，再单击区域的最后一个单元格，可以将单元格区域选中。

   A. Shift   B. Alt   C. Ctr   D. Tab

9. 在 Excel 2007 中，单击一个单元格，然后按键盘中的"Ctrl+"；组合键，会产生的效果是（   ）。

   A. 打开"单元格格式"对话框

   B. 在单元格输入了一个冒号

   C. 在单元格中输入计算机当前正在显示的日期

   D. 以上说法都不对

10. 已知 Excel 2007 工作表如图 4-5 所示。首先在 A5 单元格输入求和公式"SUM（A3：A4）"计算得到结果 1141，然后单击 A5 单元格，按键盘中的 Ctrl+C 组合键，接着单击 C5 单元格，再按键盘中的 Ctrl＋V 组合键，最后按键盘中的 Ctrl+Z 组合键。C5 单元格最后的显示结果是（   ）。

A5		f_x	=SUM(A3:A4)
	A	B	C	D
2				
3	902	567	627	
4	239	834	750	
5	1141			
6				
7				

图 4-5

   A. 1141   B. 1377   C. =SUM（C3：C4）   D. 空白

11. 下列关于 Excel 2007 批注的描述中，说法正确的是（   ）。

   A. 批注的添加方法是，先选中要添加批注的单元格，然后单击鼠标右键，在弹出的右键菜单中执行"插入批注"命令，在弹出的矩形框中输入批注的内容

   B. 显示或隐藏当前工作表中所有批注内容的方法是，先选中整个工作表，然后单击鼠标右键，在弹出的右键菜单中执行"显示/隐藏批注"命令

   C. 执行键盘中的 Ctrl+F 组合键，在弹出的"查找和替换"对话框中，可以对批注内容进行查找

   D. 在为包含批注的单元格设置字体、颜色、对齐方式时，单元格批注的字体、颜色、对齐方式也连带被设置

12. 在 Excel 2007 中，对单元格进行编辑时，按（   ）键可以直接在当前单元格中编辑数据，效果与双击单元格相似。

   A. F1   B. F2   C. F4   D. F5

13. 下列关于 Excel 2007 的描述中，说法正确的是（   ）。

   A. 显示工作表中隐藏的行，可执行菜单栏中的"选项"命令，在"选项"对话框中的"常规"选项卡中进行设置

   B. 应用"剪切"命令可以将包含有合并单元格的行或列进行移动

   C. 数值型数据默认采取左对齐

   D. 执行"条件格式"命令，在弹出的"条件格式"对话框中可指定 3 个以上的

条件

14. 下列关于 Excel 2007 图表功能的描述中，说法正确的是（　　）。

A. 面积图比折线图能更鲜明地显示数据的变化趋势

B. 执行菜单栏中的"图表"→"添加趋势线"，可以为雷达图添加趋势线

C. Excel 2007 中制作的图表可以直接插入 Word 文档中，但不能直接插入到 PowerPoint 演示文稿中

D. 如果工作表数据发生变化，由该工作表数据生成的条形图的数据也会发生相应的改变

15. 在 Excel 2007 中，当单元格中输入的公式出现缺少函数参数的错误时，在单元格中显示的错误值是（　　）。

A. ＃＃＃＃　　　　B. ＃DIV/0!　　　C. ＃N/A　　　　D. ＃NULL

16. 在 Excel 2007 中，单击第一张工作表的标签，再按住（　　）键单击其他工作表的标签，可以选择两张或者多张不相邻的工作表。

A. Shift　　　　　B. Alt　　　　　　C. Ctrl　　　　　　D. Tab

17. 已知 Excel 2007 工作表如图 4-6 所示，执行公式 MAX（H17，＄I＄17：I18，H21，J19）的结果是（　　）。

	H	I	J
16	95.00	73.00	81.80
17	93.75	64.00	75.90
18	97.50	75.00	84.00
19	95.00	72.00	81.20
20	90.00	65.00	75.00
21	93.50	95.00	94.40
22	93.75	60.00	73.50
23	93.13	74.00	81.65
24	97.50	93.00	94.80

图 4-6

A. 97　　　　　　B. 95　　　　　　C. 94.40　　　　　D. 93.75

18. 已知学生成绩表记录了王刚、王芳、王雅怡、张新明、李欣然五位同学的语文、数学、英语三门课程的分数。按键盘中的 Ctrl＋F 组合键，弹出"查找和替换"对话框，在查找内容中输入"王?"，如图 4-7 所示。单击"查找全部"，Excel 2007 会返回（　　）条结果记录。

图 4-7

A. 0　　　　　　B. 1　　　　　　C. 2　　　　　　D. 3

19. 若要关闭工作簿，但不想退出 Excel，可以单击（　　）。

A. "Office 按钮"下的"关闭"命令

B. "Office 按钮"下的"退出"命令

C. 关闭 Excel 窗口的按钮"×"

D. "视图"中的"隐藏"命令

20. 在 Excel 工作表中，表示一个以单元格 C5、N5、C8、N8 为四个顶点的单元格区域，正确的是（　　）。

    A. C5:C8:N5:N8　　　　　　　　　　B. C5:N8

    C. C5:C8　　　　　　　　　　　　　　D. N8:N5

21. 在当前工作表的 B3 单元格中输入"=max（0.5，0，−2，false，true）"（不包括双引号），则该单元格的结果显示为（　　）。

    A. 1　　　　　　B. 4　　　　　　C. −2　　　　　　D. 0.5

22. 在 Excel 中运算符的运算次序最高的是（　　）。

    A. &　　　　　　B. *　　　　　　C. ∧　　　　　　D. 引用运算符

23. 对一个数据列表，进行多重的嵌套分类汇总（　　）。

    A. 是不可能的

    B. 需要在分类汇总对话框中同时指定多个"分类字段"

    C. 需要重复进行分类汇总的操作并确认选项"替换当前分类汇总"

    D. 需要重复进行分类汇总的操作并取消确认"替换当前分类汇总"

24. 在 Excel 中，对于排序问题下列正确的说法是（　　）。

    A. 只能使用"升序"、"降序"按钮

    B. 可按列纵向或按行横向排序

    C. 只能对列排序不能对行排序

    D. 可对行、列同时排序

25. 在 Excel 2007 的当前工作簿中含有 7 个工作表，当"保存"工作簿时，（　　）。

    A. 保存为 1 个文件

    B. 保存为 7 个文件

    C. 当以 xlsx 为扩展名保存时，保存为一个文件，其他扩展名进行保存则为 7 个文件

    D. 由操作者决定保存为 1 个或多个文件

26. 在 Excel 工作表的单元格 B3 中输入了"=1/9"（不包括引号）这样一个公式，该单元格内显示为"0.111111"。如果有一个单元格在公式中引用了 B3 单元格，则被使用的是（　　）。

    A. 分数 1/9 的值　　　　　　　　　　B. 0.111111

    C. 字符串"=1/9"　　　　　　　　　　D. 字符串"B3"

27. 如果在当前工作表的 B2 到 B5 的 4 个单元格内已填入某种商品 4 天销售的数量，该商品的单价为 1.25 元，那么要计算这 4 天该商品平均销售额并填入 B6 单元格，则应在 B6 单元格内输入（　　）。

    A. =AVERAGE*1.25　　　　　　　　B. =1.25AVERAGE（B2:B5）

    C. ＝AVERAGE（B2:B5）＊1.25   D. ＝B2＋B3＋B4＋B5＊1.25

28. 在 Excel 2007 工作表中已输入的数据如下所示：

	A	B	C
1	12.5	40.5	＝$A$1＋$B$2
2	15.5	30.0	

    如将 C1 单元格中的公式复制到 C2 单元格中，则 C2 单元格的值为（　　）。

    A. 28   B. 60   C. 53   D. 42.5

29. 在 Excel 中，使用格式刷将格式样式从一个单元格传送到另一个单元格，其步骤为（　　）。

    1、选择新的单元格并单击它

    2、选择想要复制格式的单元格

    3、单击"常用"工具栏的"格式刷"按钮

    A. 1、2、3   B. 2、1、3   C. 1、3、2   D. 2、3、1

30. 在 Excel 2007 中，分类汇总是对（　　）的数据清单按某一关键字对相同记录值的数据进行汇总。

    A. 已经排好序   B. 没有排序

    C. 进行了筛选   D. 进行了合并计算

31. 在 Excel 2007 中，利用填充柄可以将数据复制到相邻单元格中。若选择含有数值的左右相邻的两个单元格，向右拖动填充柄，则数据将以（　　）填充。

    A. 右单元格数值   B. 等比数列

    C. 左单元格数值   D. 等差数列

32. 如果当前 Excel 2007 工作表的 D10 单元格是公式"＝AVERAGE（C$5:E8)"，则当把该公式复制到单元格 E12 后，E12 单元格的公式应为（　　）。

    A. ＝AVERAGE（C$5:E8)   B. ＝AVERAGE（C$7:E10)

    C. ＝AVERAGE（D$7:E8)   D. ＝AVERAGE（D$5:E10)

33. 在 Excel 中，数据清单应遵循的规则是（　　）。

    A. 清单中不能有空行和空列

    B. 列标题不能相同，同一列数据的数据类型要相同

    C. 数据清单中允许有相同的记录

    D. 一张工作表中可以存放多张数据清单

34. 一个 Excel 2007 的工作簿（　　）。

    A. 只有一张工作表

    B. 只有一张工作表和一张图表

    C. 包括 1～256 张工作表

    D. 有三张工作表，即 Sheet1、Sheet2、Sheet3

35. 在 Excel 2007 中，将 Sheet2 的 B6 单元格内容与 Sheet1 的 A4 单元格内容相加，其结果放入 Sheet1 的 A5 单元格中，则在 Sheet1 的 A5 单元格中应输入公式（　　）。

A. =Sheet2 $B6+Sheet1 $A4   B. =Sheet2！B6+Sheet1！A4

C. Sheet2 $B6+Sheet1 $A4   D. Sheet2！B6+Sheet1！A4

36. 在 Excel 2007 中，B2 单元内容为"李四"，C2 单元内容为"97"，要使 D2 单元内容为"李四成绩为 97"，则 D2 单元应输入（ ）。

  A. =B2"成绩为"+C2   B. =B2& 成绩为 &C2

  C. =B2&"成绩为" &C2   D. B2&"成绩为" &C2

37. 在 Excel 2007 中，当单元格中出现"♯N/A"时，表示（ ）。

  A. 公式中有 Excel 不能识别的文本 B. 公式或函数使用了无效数字值

  C. 引用的单元格无效   D. 公式中无可用的数据或缺少函数参数

38. 在 Excel 2007 中，工作表第 D 列第 4 行交叉位置处的单元格，其绝对单元格地址应是（ ）。

  A. D4   B. $D4   C. $D$4   D. D$4

39. Office 按钮，包含了应用 Excel 2007 文件相关命令，有的命令右侧有一个向右的黑箭头，表明该命令有（ ）。

  A. 对话框   B. 子菜单   C. 快捷键   D. 工具按钮

40. 在 Excel 2007 中，默认工作表的名称为（ ）。

  A. Work1、Work2、Work3

  B. Document1、Document2、Document3

  C. Book1、Book2、Book3

  D. Sheet1、Sheet2、Sheet3

41. 在 Excel 2007 中，关于"自动套用格式"对话框叙述正确的是（ ）。

  A. 可以修改套用格式的图案，但不能修改边框

  B. 可以修改套用格式的对齐方式，但不能修改字体

  C. 可以修改套用格式的行高，但不能修改列宽

  D. 以上叙述都不正确

42. 在 Excel 2007 的单元格中输入日期的组合键是（ ）。

  A. Ctrl+；   B. Ctrl+：

  C. Ctrl+Shift+；   D. Ctrl+/

43. 在 Excel 2007 中，建立一个独立的图表工作表，在缺省状态下该工作表的名字是（ ）。

  A. 无标题   B. Sheet1   C. Book1   D. chart1

44. 在 Excel 2007 工作表中，若选中一个单元格后按 Del 键，这表示（ ）。

  A. 删除该单元格中的数据和格式 B. 删除该单元格

  C. 仅删除该单元格中的数据   D. 仅删除该单元格的格式

45. 在 Excel 2007 中，下面输入数字的叙述不正确的是（ ）。

  A. 输入"0 1/3"表示输入的是三分之一

  B. 输入"（4578）"表示输入的是+4578

C. 输入"（5369）"表示输入的是－5369

D. 输入"1，234，456"表示输入的是 1234456

46. 在 Excel 2007 中，"条件格式"对话框中最多可以设定（　　）条件。

　　A. 1个　　　　　　B. 2个　　　　　　C. 3个　　　　　　D. 多个

47. 在 Excel 2007 中，进行自动分类汇总前，必须对分类字段进行（　　）。

　　A. 筛选　　　　　B. 有效计算　　　C. 建立数据库　　　D. 排序

48. 在 Excel 2007 中，三维引用开始后，后面加上起始工作表和终止工作表的名称，紧跟在名称后面的是（　　），最后是引用的单元格或单元格区域。

　　A. =　　　　　　B. $　　　　　　C. @　　　　　　D. !

49. 在 Excel 2007 中，可用于计算表格中某一数值列平均值的函数是（　　）。

　　A. Average（）　B. Count（）　　C. Abs（）　　　　D. Total（）

50. 在 Excel 2007 的单元格中，如果显示一串"＃＃＃＃"，表示（　　）。

　　A. 数字输入出错　　　　　　　　　B. 数字输入不符合单元格当前格式设置

　　C. 公式输入出错　　　　　　　　　D. 输入数字的单元格宽度过小

51. 在 Excel 2007 的高级筛选中，条件区域不同行的条件是（　　）关系。

　　A. 或　　　　　　B. 与　　　　　　C. 非　　　　　　D. 异或

52. 在 Excel 2007 中，当用户使用多个条件筛选符合条件的记录时，可以使用逻辑运算符，AND 的功能是（　　）。

　　A. 筛选的数据必须符合所有条件　　B. 筛选的数据至少符合一个条件

　　C. 筛选的数据至多符合所有条件　　D. 筛选的数据不符合任何条件

53. 在 Excel 2007 中，单元格中数字默认是（　　）。

　　A. 左对齐　　　　B. 右对齐　　　　C. 居中　　　　　D. 两端对齐

54. 在 Excel 2007 工作表中删除第 W 列的正确操作是：单击列号 W，然后（　　）。

　　A. 点击 Delete 键　　　　　　　　B. 执行"清除"命令

　　C. 选择"剪切"按钮　　　　　　　D. 选择"开始"选项卡"删除"命令

（二）、多项选择题

1. 在 Excel 2007 中，以下说法正确的有（　　）。

　　A. 应用链接功能可以合并多个工作簿中的数据

　　B. 在单元格内输入日期时，年、月、日分隔符可以是"＼"或"－"

　　C. 为工作表设计的背景不能被直接打印出来

　　D. 按键盘中的 Ctrl+L 组合键，可以打开"单元格格式"对话框

2. 在 Excel 2007 中，可以对表格中的数据进行的统计处理包括（　　）。

　　A. 分列　　　　　B. 筛选　　　　　C. 分类汇总　　　D. 等差填充

3. 以下属于 Excel 2007 引用运算符的有（　　）。

　　A. "："　　　　　B. "，"　　　　　C. "$"　　　　　　D. 空格

4. 在 Excel 2007 中，单元格或单元格区域文本的水平对齐方式包括（　　）。

　　A. 填充　　　　　B. 两端对齐　　　C. 跨列居中　　　D. 分散对齐

5. 在 Excel 2007 中，系统默认显示的选项卡有（　　）。

A."开始"　　　　　B."页面布局"　　　C."绘图"　　　　　　D."开发工具"

6. 在 Excel 2007 的"插入"→"SmartArt"→"图示库"对话框中，可供选择的图示类型包括（　　）。

A. 气泡图　　　　　B. 流程图　　　　　C. 层次结构　　　　D. 循环图

7. 在 Excel 2007 中，下列说法不正确的是（　　）。

A. 所有函数并不是都可以由公式代替　　　B. TRUE 在有些函数中的值为 1

C. 输入函数时必须以"＝"开头　　　　　　D. 所有的函数都有参数

8. 在 Excel 2007 中，正确的说法是（　　）。

A."清除"命令，可选择清除单元格内的数据，但不清除单元格本身

B."清除"命令，可以清除单元格中的全部数据和单元格本身

C."删除"命令，不但删除单元格中的数据，而且还删除单元格本身

D."删除"命令，既可选择删除单元格中的数据，也可选择删除单元格本身

9. Excel 2007 中，让某单元格里数值保留二位小数，下列（　　）可实现。

A. 选择"数据"菜单下的"有效数据"

B. 选择单元格单击右键，选择"设置单元格格式"

C. 选择工具条上的按钮"增加小数位数"或"减少小数位数"

D. 选择"数字"右侧的启动器

10. 在 Excel 2007 中，（　　）属于图表的编辑范围。

A. 图表类型的更换　　　　　　　　B. 增加数据系列

C. 图表数据的筛选　　　　　　　　D. 图表中各对象的编辑

11. Excel2007 中的图表形式有（　　）。

A. 嵌入式和独立的图表　　　　　　B. 级联式的图表

C. 插入式和级联式的图表　　　　　D. 数据源图表

12. 下列选项中，属于对 Excel 工作表单元格绝对引用的是（　　）。

A. B2　　　　　　　B. ￥B￥2　　　　C. ＄B2　　　　　　D. ＄B＄2

13. 在 Excel 2007 中，下面（　　）是 Excel 常量。

A. TRUE　　　　　B. abcde　　　　　C. al　　　　　　　D. B1＊c2

14. 在 Excel 2007 中，按键盘中的（　　）组合键，可以打开"查找和替换"对话框。

A. Ctrl+F　　　　　B. Ctrl+H　　　　C. Ctrl+Y　　　　　D. Ctrl+P

15. 在 Excel 2007 中，下列（　　）属于公式中使用的统计函数。

A. MAX　　　　　B. AVERAGE　　　C. COUNTA　　　　D. FLOOR

16. Excel2007 中有许多内置的数字格式；当输入"56789"后，下列数字格式表述中，（　　）是正确的。

A. 设置常规格式时，可显示为"56789"

B. 设置使用千位分隔符的数值格式时，可显示为"56，789"

C. 设置使用千位分隔符的数值格式时，可显示为"56，789.00"

D. 设置使用千位分隔符的货币格式时，可显示为"＄56，789.00"

17. 在 Excel 2007 中，（　　）是合法的 Excel 公式。

    A. ＝SUM（"abcd"，"efgh"）

    B. ＝MAX（c1：c10）

    C. ＝10＊2＋12^2＋SQRT（SUM（a2，a4，a6，a8））

    D. ＝CHAR（10，20）

18. 在 Excel 2007 中，有关表格排序的叙述不正确的是（　　）。

    A. 只有数字类型可以作为排序的依据

    B. 只有日期类型可以作为排序的依据

    C. 笔画和拼音不能作为排序的依据

    D. 排序规则有升序和降序

【答案】

（一）、单项选择题

1～5：CBBBC	6～10：BAACD	11～15：ABDDC	16～20：CDDAB
21～25：ADDBA	26～30：ACDDA	31～35：DABCB	36～40：CDCBD
41～45：DADCB	46～50：DDDAD	51～54：AABD	

（二）、多重选择题

1：AC	2：BC	3：ABD	4：ABCD
5：AB	6：BCD	7：AD	8：AC
9：BCD	10：ABCD	11：AD	12：CD
13：ABCD	14：AB	15：ABC	16：ABCD
17：BC	18：ABC		

三、PowerPoint 基本概念训练

（一）、单项选择题

1. 下列关于在 PowerPoint 2007 演示文稿中插入声音的操作描述中，说法正确的是（　　）。

    A. 执行"开始"→"新建"命令

    B. 执行"设计"→"声音"命令，选择"文件中的声音"

    C. 点击幻灯片空白处，单击鼠标右键，在弹出菜单中单击"影片和声音"命令，选择"剪辑管理器中的声音"

    D. 执行菜单栏中的"插入"→"媒体剪编"组中的"声音"

2. 在 PowerPoint 2007 中，单击"插入"→"形状"，选择"竖卷形"图形添加到幻灯片中，选中"竖卷形"图形单击鼠标右键，在弹出的下拉菜单中选择"添加文本"，当图形出现下列（　　）情况时表示可以输入文本了。

    A. 图形边框开始闪烁

    B. 图形中间出现一个闪动的光标

C. 图形中间出现提示信息 "请输入文本"

D. 图形边框变成闪动的虚线框

3. 在 PowerPoint 2007 中，新插入的幻灯片会出现在（　　）位置。

A. 所有幻灯片的最上方　　　　　　B. 所有幻灯片的最下方

C. 所选幻灯片的上方　　　　　　　D. 所选幻灯片的下方

4. 在 PowerPoint 2007 的大纲视图中，在幻灯片图标后输入主标题，标题内部换行的组合键是（　　）。

A. Enter　　　　B. Shift+Enter　　　　C. Alt+Enter　　　　D. Ctrl+Shift+Enter

5. 在 PowerPoint 2007 中，表示查找功能的图标是（　　）。

A. 　　　　B. 　　　　C. 　　　　D.

6. 下列关于 PowerPoint 2007 中图片操作的描述正确的是（　　）。

A. 新建演示文稿，在 "幻灯片版式" 任务窗格中选择 "内容版式" 中的 "标题和内容" 选项，可以直接单击提示框内的 "插入剪贴画" 按钮添加剪贴画

B. 用鼠标单击选中一幅图片，图片的周围会出现 8 个控制点，将光标放在控制点处拖拽，可以等比例改变图片大小

C. 剪贴画是一幅完整的图片，无法转换为 Microsoft Office 图形对象，不能应用 "取消组合" 命令

D. 执行 "格式" → "设置图片格式" 命令，可以更精确地设置图片的尺寸和位置信息

7. 下列关于 PowerPoint 2007 的描述中，说法正确的是（　　）。

A. 在演示文稿上添加参考线的方法是，执行 "选项" 命令，在弹出的 "选项" 对话框中选择 "常规" 选项进行设置

B. 用 PowerPoint 2007 制作的 .pptx 文件称为演示文稿，又叫做幻灯片

C. 按键盘中的 Ctrl+N 组合键，可以新建一个幻灯片

D. 执行 "Office" → "发布" → "CD 数据包" 命令，可以将演示文稿、播放器以及相关的配置文件一并刻录到光盘中

8. PowerPoint 2007 提供了（　　）种创建演示文稿的方式。

A. 3　　　　　　B. 4　　　　　　C. 5　　　　　　D. 6

9. 下列关于 PowerPoint 2007 的描述中，说法不正确的是（　　）。

A. 执行 "选项" 命令，在弹出的 "选项" 对话框中设置最近使用的文件数

B. 可以从含有 20 页幻灯片的已存在演示文稿中，选择不相邻的页面插入到当前正在编辑的演示文稿中

C. 执行 "插入" → "行距" 命令，在弹出的 "行距" 对话框中可以选择行距为单倍行距、多倍行距，或者是自定义行距

D. "幻灯片放映" → "从头放映" 命令的图标显示是

10. 在 PowerPoint 2007 中，启动幻灯片放映的快捷键是（　　）。

A. F1　　　　　　B. F2　　　　　　C. F5　　　　　　D. F9

11. 在 PowerPoint 2007 中，放映幻灯片时按键盘的 Ctrl+A 组合键的效果是（　　）。

   A. 选中演示文稿中的所有幻灯片

   B. 选中当前幻灯片中的所有对象

   C. 显示"箭头"绘图笔

   D. 以上都不对

12. 在 PowerPoint 2007 中，设置幻灯片放映时的换页效果为"盒状展开"，应执行菜单工具栏中的"动画"命令下的（　　）选项进行设置。

   A. 动作按钮　　　　B. 幻灯片切换　　　C. 预设动画　　　　D. 自定义动画

13. 下列关于 PowerPoint 2007 的描述中，说法正确的是（　　）。

   A. 大纲视图、幻灯片浏览视图和幻灯片放映视图都看不到隐藏后的幻灯片

   B. 执行"大纲"工具栏中的"摘要幻灯片"命令，PowerPoint 2007 默认第 1 页为封面页，并将新创建的摘要幻灯片插入在第 1 页和第 2 页幻灯片之间

   C. 将 Excel 表格插入演示文稿中必须应用"选择性粘贴"功能

   D. 选中"播放声音"对话框中的"声音设置"选项卡，可以设置在幻灯片放映过程中隐藏声音图标

14. 在 PowerPoint 2007 中，要更改幻灯片上对象动画出现的顺序，应在（　　）任务窗格中设置。

   A. "动画方案"　　　　　　　　　　B. "幻灯片设计"

   C. "幻灯片切换"　　　　　　　　　D. "自定义动画"

15. 下列关于 PowerPoint 2007 的描述中，说法不正确的是（　　）。

   A. 为影片添加动画效果，不会影响影片原有的内容

   B. 运用"自由曲线"工具绘制线条后需要双击结束绘制

   C. "自定义动画"任务窗格的最底端都设置有放映幻灯片的快速激活按钮

   D. 在幻灯片放映过程中，单击 Esc 键可以退出放映

16. PowerPoint 2007 的工具图标▥的功能是（　　）。

   A. 文本旋转 90 度　　　　　　　　B. 自顶部飞入

   C. 更改文字方向　　　　　　　　　D. 嵌入型图文混排

17. 下列关于 PowerPoint 2007 中插入 Word 表格的描述，说法正确的是（　　）。

   A. 执行菜单栏中的"插入"→"对象"命令插入的 Word 表格，可以在 PowerPoint 中直接进行编辑

   B. 使用选择性粘贴功能的粘贴链接方式插入 PowerPoint 演示文稿中的 Word 表格，单击鼠标右键，在弹出的下拉菜单中执行"更新域"命令可以将 Word 表格源文件的最新更改反映到演示文稿中

   C. 在打开的 Word 文档中复制一张表格，再在 PowerPoint 演示文稿中，单击鼠标右键，在弹出的菜单中执行"选择性粘贴"命令，可以设置链接到 Word 表格

   D. 在打开的 Word 文档中复制一张表格，再在 PowerPoint 演示文稿中，单击鼠标右键，在弹出的菜单中执行"粘贴"命令，被插入演示文稿中的表格，可

以在 PowerPoint 中直接进行编辑

18. 下列关于 PowerPoint 2007 的描述中，说法正确的是（　　　）。

    A. 执行菜单栏中的"表格"→"绘制斜线表头"命令，可以为表格添加斜线表头

    B. 在幻灯片放映之前或者是放映过程中，都可以更改绘图笔的颜色

    C. 执行菜单栏中的"插入"→"对象"命令可以将 Word 文本导入幻灯片中，并可以直接对导入的文本进行编辑

    D. 单击"绘图"按钮，选择"对齐或分布"命令，可以对演示文稿中的文字进行规则排列

19. PowerPoint 演示文稿的扩展名是（　　　）。

    A. docx   B. xlsx   C. pptx   D. potx

20. 在 PowerPoint 中，可以对幻灯片进行移动、删除、复制、设置动画效果，但不能对单独的幻灯片的内容进行编辑的视图是（　　　）。

    A. 普通视图   B. 幻灯片视图   C. 备注页视图   D. 大纲视图

21. 如要终止幻灯片的放映，可直接按（　　　）键。

    A. Ctrl+C   B. Esc   C. End   D. Alt+F4

22. 下列操作中，不是退出 PowerPoint 的操作是（　　　）。

    A. 单击" Office 按钮"下拉菜单中的"关闭"命令

    B. 单击"Office 按钮"下拉菜单中的"退出"命令

    C. 按组合键 Alt+F4

    D. 双击 PowerPoint 窗口的"控制菜单"图标

23. 使用（　　　）选项卡中的"背景样式"命令可改变幻灯片的背景。

    A. 设置   B. 幻灯片放映   C. 开发工具   D. 视图

24. 对于演示文稿中不准备放映的幻灯片可以用（　　　）选项卡下的"隐藏幻灯片"命令隐藏。

    A. 插入   B. 幻灯片放映   C. 视图   D. 开始

25. 演示文稿打包后，在目标盘上产生一个名为（　　　）的解包可执行文件。

    A. setup. exe   B. PPTview. exe

    C. Install. exe   D. Pres0. ppz

26. 打印演示文稿时，如在"打印内容"栏中选择"讲义"，则每页打印纸上最多能输出（　　　）张幻灯片。

    A. 2   B. 4   C. 6   D. 9

27. （　　　）不是合法的"打印内容"选项。

    A. 幻灯片   B. 备注页   C. 讲义   D. 幻灯片浏览

28. 在 PowerPoint 中，要在幻灯片中插入照片，可单击（　　　）按钮。

    A.   B.   C.   D.

29. 在 PowerPoint 中，设置幻灯片放映时的换页效果为"溶解"，应使用的选

项是（　　　）。

    A. 开始　　　　　　　B. 动画　　　　　C. 视图　　　　　D. 放映

30. 要实现在播放时幻灯片之间的跳转，可采用的方法是（　　　）。

    A. 设置预设动画　　　　　　　　B. 设置自定义动画

    C. 设置幻灯片切换方式　　　　　D. 设置动作按钮

31. 若要在 PowerPoint 中插入图片，下列说法错误的是（　　　）。

    A. 允许插入在其他图形程序中创建的图片

    B. 为了将某种格式的图片插入幻灯片中，必须安装相应的图形过滤器

    C. 选择插入菜单中的"图片"命令，再选择"来自文件"

    D. 在插入图片前，不能预览图片

32. 在 PowerPoint 中，不能完成对个别幻灯片进行设计或修饰的对话框是（　　　）。

    A. 背景　　　　　　　　　　　　B. 应用设计模板

    C. 幻灯片版式　　　　　　　　　D. 配色方案

33. 在 PowerPoint 中，对于已创建的多媒体演示文档可以用（　　　）命令转移到其他未安装 PowerPoint 的机器上放映。

    A. "Office 按钮"→"发布"→"打包"

    B. "Office 按钮"→"发送"

    C. 复制

    D. "幻灯片放映"→"设置幻灯片放映"

34. 演示文稿中每张幻灯片都是基于某种（　　　）创建的，它预定义了新建幻灯片的各种占位符布局情况。

    A. 视图　　　　　　B. 版式　　　　　C. 母版　　　　　D. 模板

35. 要使幻灯片在放映时能够自动播放，需要为其设置（　　　）。

    A. 预设动画　　　　B. 排练计时　　　C. 动作按钮　　　D. 录制旁白

36. 对幻灯片上的对象设置动画效果，下面叙述中正确的是（　　　）。

    A. 单击"动画"选项卡"自定义动画"命令，可以给幻灯片内所选定的每一个对象分别设置"动画效果"和"动画顺序"

    B. 单击"动画"选项卡"自定义动画"命令，仅给除标题占位符以外的其他对象设置"动画效果"和"动画顺序"

    C. 单击"幻灯片放映"下拉菜单的"预设动画"命令，仅给除标题占位符以外的其他对象设置"动画效果"和"动画顺序"

    D. 单击"幻灯片放映"下拉菜单的"预设动画"命令，可以给幻灯片内所选定的每一个对象分别设置"动画效果"和"动画顺序"

37. 在 Powerpoint 2007 中，在如图 4-8 所示"背景"设置对话框中，单击"自动"选项下方的一排颜色块，选择其中的淡蓝色色块，单击（　　　）按钮，颜色将被添加到当前幻灯片中。

图 4-8

A. 全部应用(T)   B. 应用(A)   C. 预览(P)   D. 取消

38. PowerPoint 2007 "版式"中，包含了（   ）个版式。

    A. 9   B. 10   C. 11   D. 12

39. 在 PowerPoint 2007 中，若想对幻灯片设置不同的颜色、阴影、图案或纹理的
    背景，可使用（   ）菜单中的背景命令。

    A. 视图   B. 设计   C. 幻灯片放映   D. 动画

40. 在 PowerPoint 2007 中，摘要幻灯片是所选幻灯片的摘要，摘要幻灯片会生成
    在（   ）。

    A. 所选第一页幻灯片之前   B. 所选第一页幻灯片之后

    C. 所选幻灯片之前   D. 所选幻灯片之后

41. 在 PowerPoint 2007 中，将幻灯片中组成对象的种类以及对象间相互位置的设
    置称为（   ）。

    A. 版式设计   B. 配色方案   C. 模板设计   D. 动画效果

42. 在 PowerPoint 2007 中，若要在一张幻灯片中加入一个图表，应采用（   ）
    方法。

    A. 单击"插入"选项卡的"图表"命令

    B. 单击"设置"选项卡上的"插入图表"按钮

    C. 执行"视图"菜单添加图表

    D. 在幻灯片中左击鼠标，从弹出的菜单中选择"图表"命令

43. 在 PowerPoint 2007 中，制作动画的基本操作方法是，先用鼠标选中文本或者
    图像对象，然后执行（   ）命令为选定的对象制作动画效果。

    A. 插入   B. 动画→自定义动画   C. 视图   D. 审阅

44. 在 Powerpoint 2007 中，"打包"的含义是（   ）。

    A. 将播放器与演示文稿压缩在同一张盘上

    B. 将演示文稿压缩在一张盘上

    C. 将嵌入的对象与演示文稿压缩在同一张盘上

    D. 将演示文稿所有内容压缩在一张盘上

45. 在 PowerPoint 2007 中，关于放映方式的叙述不正确的是（   ）。

    A. 演讲者放映是演示文稿的常用选项，幻灯片将通过手动方式从一页转换到
    下一页

    B. 观众自行浏览可运行小规模的演示，演示文稿会出现在小窗口内，使用滚动

条从一页幻灯片移动到另一页幻灯片

C. 在展台浏览，可自动运行演示文稿，限制观众不能以任何方式对幻灯片放映进行修改，每次放映完毕后会重新启动放映

D. 在设置放映方式对话框中，用户有 4 种放映类型可以选择

46. PowerPoint 2007 是 Microsoft Windows 操作系统下运行的一个专门用于编制（　　）的软件。

    A. 电子表格　　　　B. 文本文件　　　　C. 网页设计　　　　D. 演示文稿

47. 在 Powerpoint 2007 中，关于幻灯片中文本格式化操作，下列叙述不正确的是（　　）。

    A. 设置幻灯片中文本对齐方式，执行"设计"→"段落"中的相关选项

    B. 设置幻灯片中文本对齐方式，执行"开始"→"字体"对话框中的相关选项

    C. 设置幻灯片中文本的行间距，执行"开始"→"行距"命令，在"行距"对话框中设置相应选项

    D. 设置幻灯片中文本的段落间距，执行"开始"→"行距"命令，在"行距"对话框中设置相应选项

48. PowerPoint 2007 中，在（　　）视图中不可以调整幻灯片的顺序。

    A. 大纲　　　　B. 幻灯片放映　　　C. 普通　　　　　D. 幻灯片浏览

49. 在 PowerPoint 2007 中，下列关于幻灯片母版里的占位符叙述正确的是（　　）。

    A. 标题区用于所有幻灯片标题文字的格式化、位置放置和大小设置，以及设置文本的属性、设置各个层次项目符号

    B. 日期区用于演示文稿中每张幻灯片日期的添加、位置放置大小重设和格式化

    C. 对象区用于所有幻灯片标题文字的格式化、位置放置和大小设置，以及设置文本的字体、字号、颜色和阴影等效果

    D. 页脚区用于演示文稿中每张幻灯片页脚文字的添加、自动添加幻灯片序号、位置放置大小重设和格式化

50. PowerPoint 2007 中，在"自定义动画"对话框中的"效果"选项卡中可以设置（　　）。

    A. 动画和声音　　　B. 字体　　　　　C. 对齐方式　　　　D. 引入文本

51. PowerPoint2007 中，在幻灯片的"动作设置"对话框中设置的超级链接对象不允许链接到（　　）。

    A. 下一页幻灯片　　　　　　　　　　B. 一个应用程序

    C. 其他演示文稿　　　　　　　　　　D. 幻灯片中的某一对象

52. 在 PowerPoint 2007 中，幻灯片浏览视图下，用户可以进行以下（　　）操作。

    A. 插入新幻灯片　　B. 编辑　　　　　C. 设置动画片　　　D. 设置字体

53. 在 PowerPoint 2007 中，将大量的图片轻松地添加到演示文稿中，可以运用（　　）。

    A. 设计模版　　　　　　　　　　　　B. 手动调整

    C. 根据内容提示向导　　　　　　　　D. 相册

（二）、多项选择题

1. PowerPoint 2007 放映演示文稿的方式包括（　　）。

　　A. 演讲者放映　　　B. 观众自行浏览　　C. 自动放映　　　　D. 在展台浏览

2. 以下属于 PowerPoint 2007 视图方式的有（　　）。

　　A. 大纲视图　　　　　　　　　　　　　B. 备注页视图
　　C. 幻灯片浏览视图　　　　　　　　　　D. 幻灯片放映视图

3. 在 PowerPoint 2007 中，单击"自定义动画"任务窗格中的"添加效果"按钮，在弹出的下拉菜单中可以设置的效果有（　　）。

　　A. 切换　　　　　　B. 强调　　　　　　C. 进入　　　　　　D. 退出

4. 在 PowerPoint 2007 的"自定义动画"任务窗格中，可以为动画设置的效果包括（　　）。

　　A. 动画播放后隐藏　　　　　　　　　　B. 结束时间
　　C. 动画方向　　　　　　　　　　　　　D. 延迟时间

5. 在 PowerPoint 2007 中，关于超链接的叙述正确的是（　　）。

　　A. 用户在演示文稿中添加超链接以便跳转到某个特定的地方
　　B. 创建超链接时，起点可以是任何对象，如文本、图形等
　　C. 激活超链接的方式可以是单击或双击
　　D. 只有在演示文稿放映时，超链接才能激活。

6. 在 PowerPoint 2007 幻灯片浏览视图中，要选中所有幻灯片，可以采取的方法有（　　）。

　　A. 先切换到普通视图，然后点击文稿窗口，并按键盘中的 Ctrl+A 组合键
　　B. 执行"开始"选项卡上"选择"→"全选"命令
　　C. 按键盘中的 Shift+A 组合键
　　D. 按住 Ctrl 键的同时，逐个点击幻灯片

7. 在 PowerPoint 2007 中，演示文稿可以保存为下列（　　）格式的文件。

　　A. ＊.ppsx　　　　B. ＊.mht　　　　C. ＊.jpg　　　　D. ＊.docx

8. 当启动 PowerPoint 后，在 PowerPoint 对话框中列出的用 PowerPoint 创建新演示文稿的方法为（　　）。

　　A. 空演示文稿　　　　　　　　　　　　B. 根据设计模板
　　C. 根据内容提示向导　　　　　　　　　D. 根据现有演示文稿

9. 选定演示文稿，若要改变该演示文稿的整体外观，不正确的是（　　）。

　　A. "自动更正"命令　　　　　　　　　　B. "自定义"命令
　　C. "应用设计模板"命令　　　　　　　　D. "版式"命令

10. 下面关于打印幻灯片的叙述中，不正确的是（　　）。

　　A. 选择打印内容"包括动画"项，仅打印动画的内容
　　B. 不选择打印内容"包括动画"选项，仅打印非动画的内容
　　C. 不选择打印内容"包括动画"选项，将打印幻灯片上的所有内容
　　D. 打印幻灯片的尺寸是不能调整的

11. "幻灯片切换"对话框中换页方式有自动换页和手动换页，以下叙述中错误的是（　　）。

A. 可以同时选择"单击鼠标换页"和"每隔_秒"两种换页方式

B. 同时选择"单击鼠标换页"和"每隔_秒"两种换页方式，但"单击鼠标换页"方式不起作用

C. 只允许在"单击鼠标换页"和"每隔_秒"两种换页方式中选择一种

D. 同时选择"单击鼠标换页"和"每隔_秒"两种换页方式，但"每隔_秒"方式不起作用

12. 演示文稿的输出类型正确的是（　　）。

A. 打印机输出 　　　　　　　　　　　B. Web 演示文稿输出

C. Excel 类型文件输出 　　　　　　　D. Word 类型文件输出

13. 在 PowerPoint 2007 中，要在幻灯片中插入 Word 表格，正确的操作方法是（　　）。

A. 执行"插入"菜单下的"表格"选项

B. 单击常用工具栏中的"插入表格"按钮

C. 利用"表格和边框"工具栏中的"表格"下拉按钮

D. 按键盘中的 Alt+A 组合键

14. 在 PowerPoint 2007 中，有多种母版类型，在不同母版中包括不同数目的占位符，下列叙述正确的是（　　）。

A. 幻灯片母版中包括 5 个占位符 　　B. 幻灯片母版中包括 6 个占位符

C. 备注母版中包括 5 个占位符 　　　D. 备注母版中包括 6 个占位符

15. 在 PowerPoint 2007 中，使用幻灯片母版设计幻灯片的统一格式后，如果再给某张幻灯片设置设计模板，对使用设计模板幻灯片中的字体格式的叙述中不正确的是（　　）。

A. 继续保持母版的格式 　　　　　　B. 使用设计模板的格式

C. 使用内容模板的格式 　　　　　　D. 以上叙述都不正确

16. 在 PowerPoint 2007 中，"幻灯片切换"对话框中"修改切换效果"对话框，有（　　）选项。

A. 速度 　　　　B. 声音 　　　　C. 切换方式 　　　　D. 应用方式

【答案】

（一）、单项选择题

1~5：DBDBB 　　　　6~10：ADCCC 　　　　11~15：CBDDB 　　　　16~20：CDBCB

21~25：BAABB 　　　26~30：DDCBD 　　　31~35：DBABB 　　　36~40：ABCBA

41~45：AABAD 　　　46~50：DBBBA 　　　51~53：DAD

（二）、多重选择题

1：ABD 　　　　2：ABCD 　　　　3：BCD 　　　　4：ACD

5：ABD 　　　　6：BD 　　　　7：ABC 　　　　8：ABCD

9：ABD 　　　　10：ACD 　　　　11：BCD 　　　　12：ABD

13：ABC 　　　　14：AD 　　　　15：ACD 　　　　16：AB

附录一 ITAT 比赛须知

一、软件要求与硬件要求

（一）软件要求

1. Microsoft Word 2007 中文版。
2. Microsoft Excel 2007 中文版。
3. Microsoft PowerPoint 2007 中文版。
4. 浏览器：Microsoft Internet Explorer 6.0 SP 1 或更高版本。

（二）硬件要求

1. 处理器：500 MHz 或更快的处理器。
2. RAM：至少 512 MB 内存。
3. 硬盘：1.5 GB 磁盘空间（仅限于安装）。
4. 显示器：1024×768 VGA ，真彩色，需要支持 Windows 的显示适配器。

（三）运行环境

Windows XP 系统或 Windows 7 系统。

二、题型、题量、考试方式和时间

（一）预赛题

1. 题型为客观题（单选题、多选题）和主观题（基础操作题、综合操作题）。主、客观题分值比例为 1：2。

2. 题量总计为 84 道，其中单选题 60 道，每道题 1 分；多选题 20 道，每道题 2 分；基础操作题 3 道，每道题 10 分；综合操作题 1 道，每道题 20 分。试卷满分为 150 分。

3. 比赛采用全国统一时间在线考试的形式，客观题系统自动阅卷，主观题由大赛组委会提供评分标准，各考点自行组织阅卷。

4. 比赛时间为 3 小时。

（二）复赛题

1. 题型为主观操作题。

2. 题量为 3 道操作题。其中，Word、Excel、PowerPoint 各 1 道，分值比例为 4：3：3。试卷满分为 100 分。

3. 比赛方式为上机操作，由大赛组委会安排专家组统一阅卷。

4. 比赛时间为 3 小时。

（三）决赛题

1. 题型为综合操作题。

2. 题量为 2 道，其中一道考察参赛者解决复杂问题的能力，另一道考察参赛者创造性发挥能力。试卷满分为 120 分。

3. 比赛方式为上机操作，由大赛组委会安排专家组统一阅卷。

4. 比赛时间为 5 小时。

附录二　ITAT办公自动化考试大纲

一、基本要求

1. 熟悉办公自动化软件 Word、Excel、PowerPoint 的基本概念与功能。

2. 熟练掌握使用 Word 2007 进行文档制作、编辑、排版的操作方法。

3. 熟练掌握使用 Excel 2007 进行电子表格制作、数据处理、统计分析与应用的方法。

4. 熟练掌握使用 PowerPoint 2007 进行电子演示文稿制作、放映效果设置的方法。

二、预赛部分

预赛主要考察参赛者对 Word、Excel、PowerPoint 软件基础知识的全面了解程度以及对各工具、功能、基本技法的熟练使用。具体内容如下：

（一）Word 部分

1. Word 2007 基础知识：

（1）了解办公自动化应用程序及 Word 2007 的相关知识；

（2）掌握工具栏的显示与隐藏；

（3）掌握标尺的设置；

（4）掌握 Word 2007 的几种视图方式的特性。

2. 创建和编辑文档：

（1）掌握文档的创建、保存、打开方法；

（2）了解最近使用文件数目的更改方法；

（3）掌握中文、英文和标点、特殊符号的输入；

（4）掌握文本的选取、移动、复制、删除方法；

（5）掌握文本内容的查找和替换操作；

（6）掌握文档的定位及特殊符号的插入。

3. 文档的格式化：

（1）掌握文字的字体、字号、字形等的设置；

（2）掌握段落的对齐方式、段落缩进、行间距和段间距的设置；

（3）掌握边框和底纹的设置；

（4）掌握项目符号和编号的使用。

4. 文档页面的设置：

（1）掌握页边距、纸张大小、页面方向与页面垂直对齐方式的设置；

（2）掌握页眉和页脚的设置；

（3）了解行号的设置；

（4）掌握分栏的设置；

（5）掌握页面背景的设置；

（6）掌握分页、分节的插入方法。

5．表格的制作：

（1）掌握表格的创建方法；

（2）掌握表格内容的输入、编辑与格式化；

（3）掌握表格的编辑；

（4）掌握文本与表格的转换操作；

（5）了解表格的拆分、套用表格格式的操作；

（6）了解标题行重复的设置。

6．图形、图片：

（1）掌握图片的插入与编辑方法；

（2）掌握形状、SmartArt 的插入、编辑方法，并能绘制自定义图形；

（3）掌握艺术字的插入与编辑方法；

（4）掌握图文混排的方法。

7．文档模板与样式：

（1）了解样式和样式类型；

（2）掌握如何在文档中应用样式；

（3）了解模板，并学会使用模板；

（4）掌握目录、图表目录的创建方法。

8．文档的信息共享与输出：

（1）掌握超链接的概念；

（2）掌握文档的打印设置。

（二）**Excel 部分**

1. Excel 2007 工作簿和工作表：

（1）掌握工作簿和工作表的概念；

（2）掌握选择、增加、删除、重命名工作表的方法；

（3）了解对工作簿设置保护的方法；

（4）了解改变工作表默认个数的方法。

2．工作表数据的输入：

（1）掌握单元格中各种数据的输入方法；

（2）掌握在工作表中连续填充数据的方法。

3．工作表的编辑：

（1）掌握单元格中数据的编辑方法；

（2）掌握批注的添加和编辑；

（3）掌握单元格、行或列的移动、删除与复制操作；

（4）掌握单元格的合并操作；

（5）了解窗格的拆分、冻结；

（6）了解工作表保护的方法。

4．工作表的格式化：

（1）掌握单元格格式的设置方法；

（2）掌握行高、列宽的设置方法；

（3）掌握条件格式化的使用；

（4）掌握设置边框、图案及背景；

（5）掌握格式的复制操作；

（6）了解样式的使用；

（7）了解数字、日期及时间格式的设置。

5．图表的应用：

（1）了解图表类型；

（2）掌握图表创建的方法；

（3）了解图表各选项的设置；

（4）掌握图表格式化的设置方法。

6．公式的应用：

（1）掌握单元格引用的概念和应用方法；

（2）掌握公式和函数的使用。

7．数据管理：

（1）掌握数据的排序及筛选方法；

（2）掌握数据的分类汇总操作；

（3）了解数据透视表的应用。

8．工作簿的打印：

（1）掌握页面设置；

（2）了解工作表中分页的操作。

（三）PowerPoint 部分

1．演示文稿的制作：

（1）掌握演示文稿的创建、保存操作；

（2）掌握幻灯片版式的选择；

（3）掌握幻灯片的制作、文字编排；

（4）掌握表格、图片、组织结构图和图表的插入方法；

（5）掌握自选图形和高级绘图功能的应用；

（6）掌握音频、视频等对象的插入方法；

（7）掌握幻灯片的插入、删除操作和排列顺序的调整；

（8）掌握幻灯片内容的格式化操作；

（9）掌握幻灯片设计方案的选择；

（10）理解幻灯片母版的概念与使用。

2．演示文稿的演播编辑与演播控制：

（1）掌握演示文稿动画方案的选择；

(2) 掌握自定义动画的方法；

(3) 掌握幻灯片放映切换方案的设置；

(4) 掌握超链接的创建与设置；

(5) 了解幻灯片放映方式的设置。

三、复赛部分

复赛主要测试参赛者在 Word 文档编辑与制作，Excel 表格制作与数据统计分析应用，以及 PowerPoint 演示文稿制作方面的水平，考察参赛者对上述三个软件的操作熟练程度和对复杂文档的处理能力。着重考察参赛者对 Word、Excel、PowerPoint 软件的综合运用能力，要求参赛者根据给定的应用场景，利用给定的素材和样例文件进行文档和数据的加工、编辑和展示。在考核知识点方面，除要求参赛者能够熟练使用预赛所考察的功能外还应掌握下列内容：

（一）Word 部分

(1) 熟练掌握格式和样式的用法，并能按格式要求自建新样式并添加至模板中；

(2) 熟练使用 Word 的项目符号和编号功能，为文档添加多级编号；

(3) 熟练掌握 Word 表格数据的排序和计算功能；

(4) 掌握为文档插入脚注、尾注、批注的方法；

(5) 掌握对文档修订及接受、拒绝修订的操作；

(6) 熟练使用 Word 分节的功能；

(7) 掌握文档页面格式化的方法；

(8) 掌握目录及索引的创建，并会利用大纲灵活创建目录及索引；

(9) 掌握域的使用方法；

(10) 掌握邮件合并功能；

(11) 掌握 Word 的文档内容保护功能；

(12) 掌握宏的录制与执行方法。

（二）Excel 部分

(1) 熟练掌握 Excel 函数的类型与使用方法；

(2) 能够熟练进行 Excel 图表格式化操作；

(3) 能够熟练使用数据透视表和数据透视图；

(4) 能够使用 Excel 进行单变量求解和规划求解；

(5) 了解 Excel VBA 程序设计的基本语法与编写方法。

（三）PowerPoint 部分

(1) 熟练掌握母版的制作方法；

(2) 能够熟练地为幻灯片添加动画效果；

(3) 能够熟练地向演示文稿中插入音频和视频等多媒体效果素材；

(4) 能够熟练使用超链接，制作不同幻灯片之间的跳转；

(5) 掌握制作可自动放映的幻灯片的方法；

(6) 掌握在 PowerPoint 中引用 Word、Excel 文档与数据的方法。

四、决赛部分

决赛主要考察参赛者综合运用 Word、Excel、PowerPoint 解决实际问题的能力。决赛部分考核的知识点为预赛、复赛所列出的范围。与复赛相比，决赛的命题形式具有更高的开放性，给予参赛者更多创造发挥的空间。决赛部分在测查参赛者扎实熟练的基本操作能力基础上，重点考察以下三方面：

（1）对办公自动化软件高级功能的熟练操作能力。要求参赛者熟练掌握 Word 文档编辑与排版的快速处理、Excel 函数与图表的多样化应用、PowerPoint 动画与放映设计的生动化展示，以及运用三款软件对数据、对象与功能的互相引用的方法。

（2）对现实问题的抽象、转化以及灵活应变能力。要求参赛者能够根据给定的问题场景，选择合适的 Word、Excel、PowerPoint 软件工具和功能，建立问题解决模型，为问题解决提出可行性方案。

（3）对问题解决的创造性发挥能力。要求参赛者能够根据给定的操作标准与要求，在解决思路、实现方法和最终作品完成方面体现创造性思维，包括利用 Word、Excel、PowerPoint 软件对抽象概念、数字和对象进行创造性地表现，以及利用 Excel 对批量数据进行快速处理与分析应用，并以多样化图表方式进行展示，设计并形成一系列和谐、美观、友好、可读的实用文档。